高等院校室内与环境艺术设计实用规划教材

室内装饰设计

张诺　刘宝成　编著

清华大学出版社
北　京

内容简介

室内装饰设计是根据室内的使用性质、环境和相应的标准，运用物质手段和建筑美学原理，给人创造一种合理、舒适、优美、能满足人们物质和精神需要的室内环境。本书对室内装饰设计加以阐述和分析，由浅入深、循序渐进、图文并茂，详细地介绍了室内装饰设计的基础、发展过程、风格、空间设计、界面设计、照明设计、色彩设计、装饰材料设计、家具设计、绿化设计等内容，各章均以案例作引导，强调设计的系统性和设计思维的多元性。

本书既可作为建筑装饰工程技术、室内设计技术、环境艺术设计、美术设计等专业的教材，亦可供室内装饰设计师和广大室内装饰设计爱好者参考。

图书在版编目(CIP)数据

室内装饰设计/张诺，刘宝成编著. --北京：清华大学出版社，2015（2024.2 重印）
(高等院校室内与环境艺术设计实用规划教材)
ISBN 978-7-302-39789-2

Ⅰ. ①室… Ⅱ. ①张… ②刘… Ⅲ. ①室内装饰设计—高等学校—教材 Ⅳ. ①TU238

中国版本图书馆CIP数据核字(2015)第080928号

责任编辑：李春明 陈立静
装帧设计：刘孝琼
责任校对：周剑云
责任印制：宋 林

出版发行：清华大学出版社
网 址：https://www.tup.com.cn, https://www.wqxuetang.com
地 址：北京清华大学学研大厦A座 邮 编：100084
社 总 机：010-83470000 邮 购：010-62786544
投稿与读者服务：010-62776969, c-service@tup.tsinghua.edu.cn
质量反馈：010-62772015, zhiliang@tup.tsinghua.edu.cn
课件下载：https://www.tup.com.cn, 010-83470236
印 装 者：涿州市般润文化传播有限公司
经 销：全国新华书店
开 本：190mm×260mm **印 张**：13.75 **字 数**：330千字
版 次：2015年8月第1版 **印 次**：2024年2月第6次印刷
定 价：68.00元

产品编号：056542-02

Preface 前言

室内装饰设计是一门综合性学科，要求研究社会的经济、文化、科学与政治，从而把握创意的定位；要求科学地安排建筑空间，合理运用建筑装饰材料；要求研究艺术学、心理学、人体工程学、建筑学等学科，以提高与深化创意水平；要求设计者具有一定的绘画功底，让技术与艺术在设计草图中得以完美结合，因此从事室内装饰设计必须有多方面的修养。

本书在内容的安排上以基础知识为主，以艺术表达为目的，重点讲述室内装饰设计的基本理论和专业内容，目的是让学习者在该专业理论、技能及素质上全面受益。

全书内容共分为11章，具体如下。

第1章介绍了室内装饰设计的基本情况，对室内装饰设计的要素和基本要求进行了详细概述。

第2章主要介绍了室内装饰设计的发展过程，以及各个阶段的设计特点。

第3章对室内设计的风格进行了介绍，主要包括传统风格、现代风格、后现代风格、自然风格和地中海风格五大类。

第4章对室内空间的分隔、界面设计的方式方法进行了详细介绍。

第5章对室内照明的基本类型、照明方式、灯具的分类及选择进行了具体介绍。

第6章对室内装饰材料的分类、基本要求和选择进行了阐述。

第7章介绍了色彩设计的方法以及色彩配置在室内设计中的应用。

第8章分别对家具设计的风格、室内陈设品的选择、人体工程学与室内设计的关系进行了详细的介绍。

第9章讲述了绿色植物的重要性、室内绿化的设计原则和布置方式。

本书由河北联合大学的张诺、刘宝成老师编写，其中第2、3、5、7、8、9章由张诺老师编写，第1、4、6章由刘宝成老师编写。参与本书编写和整理工作的还有张冠英、袁伟、任文营、张勇毅、郑尹、王卫军、张静等，在此一并表示感谢。

由于编者水平所限，加上时间仓促，书中难免存在不妥及疏漏之处，敬请广大读者批评指正。

编 者

Contents

目录

目录 Contents

第1章 室内装饰设计概述

学习要点及目标

☆掌握室内装饰设计的含义。
☆掌握室内装饰设计的基本要求。
☆充分理解室内装饰设计的各个要素。

核心概念

室内装饰设计　　设计要素

本章导读

室内设计师Kelly Hoppen

凯丽·赫本(Kelly Hoppen)是英国顶尖室内设计师，设计过很多名人住宅及商业场所(包括航空公司头等舱等)，她的设计将奢华做到了极致。

以冷静、简洁、优雅并富有创意的设计而闻名于世的顶级室内设计师凯丽·赫本可谓载誉无数，早在1997年，她就赢得了安德鲁·马丁“年度国际设计师奖”；2006年，赢得了“Ella室内设计奖”。2007年是凯丽·赫本的奖项丰收年，这一年中，她赢得了“Homes & Garden Awards”“GRAZIA年度设计师”等众多奖项。不过，这些奖项中最为重要的还是她在2007年6月赢得的欧洲妇女联盟颁发的最杰出女性企业家奖，这个奖项让她的名字与田径运动员保拉·拉德克利夫(Paula Radcliffe)、女帆船运动员埃伦·麦克阿瑟(Ellen MacArthu)、成功穿越南北极的探险家菲奥娜·索恩(Fiona Thorne)、畅销书作家凯特·摩西(Kate Mosse)和播音员安杰拉·里彭(Angela Rippon)这些杰出女性联系在了一起，成为欧洲最杰出的女性之一。

对许多人来说，室内设计师凯丽·赫本的设计是自然融洽的。在她所设计的作品里，室内空间里的物件看不出设计的痕迹，仿佛每个物件与生俱来就与空间和谐地融为一体。没有冗余或者缺憾。这极大地满足了现代家居风格的追求。所以有人说，凯丽·赫本是所有业主最理想的室内设计师。

在设计中，凯丽·赫本利用墙体后面的隐匿灯让充足的光线穿透房间，显得自然而和谐。饰品陈设和室内设计采用折中性的融合，使整个房子都充满了纺织品的气息，比如黑色布套沙发、天鹅绒软垫和软缎窗帘。显眼的落地灯和水晶灯链轻轻地将房间点亮，用灯光反映心情和气氛。图1-1～图1-3所示即为凯丽·赫本的室内设计作品。

图1-1 凯丽·赫本室内设计(1)

图1-2 凯丽·赫本室内设计(2)

图1-3 凯丽·赫本室内设计(3)

【案例分析】

对于生活空间的营造，凯丽·赫本提出了几点简单明确的方针：她相信每个人都有一种属于自己的色彩，可以适度地将这种颜色表现在空间里，而不是随着所谓的设计潮流将每个人的家居空间皆设计为白与空白的墙面；也可以借由布料以及不同的花纹织品营造空间的层次，让它显得丰富以及有温度，家具与空间的比例或颜色可以玩出一些花样，还有最重要的一点就是，可以选择摆置图像或照片，以及一些具有纪念价值的对象，这些看似小型的装饰对象常常是空间里的主角。她的设计融合了东西方的文化特质，在古典与现代之间作出了一种中性的诠释。

1.1 室内装饰设计的含义和要求

室内装饰设计是指为满足使用者对建筑物的使用功能、视觉感受要求等建造目的而进行的准备工作，对现有的建筑物内部空间进行深加工的增值准备工作。其目的是为了让具体的物质材料在技术、经济等方面，在可行性的有限条件下形成合格产品的准备工作，既需要工程技术上的知识，也需要艺术上的理论和技能。室内装饰设计是从建筑设计中的装饰部分演变出来的，它是对建筑物内部环境的再创造。

【知识拓展】

从以人为本这一根本出发，设计工作者需要设身处地地为人们创造舒适的室内环境。以人为本的绿色室内设计特别重视人工环境与自然环境的研究，用以科学地、深入地了解人们的行为心理、生理和视觉感受等方面对室内环境的设计要求。

针对不同的人群、不同的使用对象，相应地应该考虑有不同的要求。例如，一些公共建筑考虑到残疾人的通行和活动，在室内外高差、厕所盥洗等许多方面应做无障碍设计；幼儿园室内的窗台，考虑到适应幼儿的尺度，窗台高度由通常的900～1000mm降至450～550mm，楼梯踏步的高度也为120mm左右，并设置适应儿童和成人尺度的二档扶手。上面的例子，着重是从残疾人、儿童等特殊人群的行为和生理的特点来考虑的。

1.1.1　室内装饰设计的含义

室内装饰设计是根据建筑的使用用途、环境和相应的标准，运用物质手段和建筑美学原理，给人创造一种美观、实用、舒适、能满足人们物质和精神需要的室内环境。我们通过设计手段，使室内空间不仅具有使用价值，能满足相应的功能要求，同时也要通过设计表达一种文化、风格、气氛等精神因素。图1-4所示为贝尼尼设计的圣彼得大教堂。

图1-4　贝尼尼设计的圣彼得大教堂

在上述含义中，我们明确地把“创造满足人们物质和精神生活需要的室内环境”作为室内装饰设计的目的，就是要坚持一切以人为本，一切围绕着为人的生活、生产活动创造美观舒适的室内环境为目的，如图 1-5 所示。

图1-5 舒适惬意的工作空间

而在室内装饰设计过程中，我们要紧紧围绕房屋的使用性质——建筑物和室内空间的使用功能，所在场所——建筑物和室内空间的周边环境，资金投入——所在工程项目的资金投入和造价标准的控制，从整体上把握室内装饰设计的方向。

1.1.2 室内装饰设计的基本要求

室内装饰设计的任务就是综合运用技术手段，考虑周围环境因素的作用，充分利用有利条件，积极发挥创新思维，创造一个既符合生产和生活物质功能要求，又符合人们生理、心理需求的室内环境。其基本要求有以下几点。

1. 室内装饰设计要满足使用功能要求

室内设计的宗旨是创造良好的室内空间环境，将满足人们在室内进行生产、生活、工作、休息的要求置于首位，所以在室内设计时要充分考虑使用功能要求，使室内环境合理化、舒适化、科学化；要考虑人们的活动规律，处理好空间关系、空间尺寸、空间比例；合理配置陈设与家具，妥善解决室内通风、采光与照明，注意室内色调的总体效果，如图 1-6 所示。

图1-6　满足使用功能要求

【知识拓展】

室内的采光方式有自然光和人造光两类。住宅建筑在白天一般以自然采光为主，自然光具有明朗、健康、舒适、节能的特点。但自然采光会受房间方向、位置和时间的影响，而在室内更难于做到所有的空间都能得到良好的自然光照。因此，人工照明尤为重要。

住宅室内的灯具照明可分为整体照明和局部照明。整体照明的特点是使用悬挂在吊顶面上的固定灯具照明，这种照明方式会形成一个良好的水平面，在工作面上形成光线照度均匀一致的亮面。它适合于起居室、餐厅等空间的普通照明。局部照明具有照明集中，局部空间照度高，对大空间不形成干扰，节电、节能的特点。这种照明方式适合于卧室的床头、书桌的台灯及卫浴间的镜前。

2．室内装饰设计要满足精神功能要求

室内设计在考虑使用功能要求的同时，还必须考虑精神功能的要求。室内设计的精神就是要影响人们的情感，乃至影响人们的意志和行动，所以要研究人们的认识特征和规律；研究人的情感与意志；研究人和环境的相互作用。设计者要运用各种理论和手段去冲击、影响人的情感，使其升华，达到预期的设计效果。室内环境如能突出地表明某种构思和意境，将会产生强烈的艺术感染力，更好地发挥其在精神功能方面的作用，如图1-7所示。

图1-7　满足精神功能要求

3. 室内装饰设计要满足现代技术要求

建筑空间的创新和结构造型的创新有着密切的联系，二者协调统一。充分考虑结构造型中美的形象，把艺术和技术融合在一起，这就要求室内设计者必须具备必要的结构类型知识，熟悉和掌握结构体系的性能、特点。现代室内装饰设计置身于现代科学技术的范畴之中，要使室内设计更好地满足精神功能的要求，就必须最大限度地利用现代科学技术的最新成果，如图 1-8 所示。

图1-8　满足现代技术要求

4. 室内装饰设计要符合地域特点和民族风格要求

由于人们所处的地区、地理气候条件存在差异，各民族生活习惯与文化传统也不一样，在建筑风格上确实存在着很大的差别。我国是一个多民族的国家，各个民族的地区特点、民族性格、风俗习惯以及文化素养等因素的差异，表现在室内装饰设计上也有所不同。设计时要有各自不同的风格和特点，要体现民族和地区特点以唤起人们的民族自尊心和自信心，如图 1-9 所示。

图1-9　符合地域特点和民族风格要求

【小贴士】

地域文化在室内设计中的渗透范围广，形式多样，不拘一格。从室内空间的功能格局、装饰符号、装饰材料、家具、灯具、软装饰品，到自然界的声、光、电、水，以及人类的一切活动等，都可能成为营造室内空间传统文化氛围的重要元素。

1.2　室内装饰设计的要素

一个成功的室内装饰设计，在功能上应当是适用的，在视觉上要具有一定的吸引力，并要始终注意室内意境的构思和创造。虽然构思和创意无法生搬硬套，但同音乐、绘画、雕刻等艺术一样，都存在着一定的要素和创作原理。设计者只要在设计中以创作原理为基础，灵活处理各种设计要素，突出特定场所的特征和环境特色，就可以在有限的空间内创造出无限的可能，打造一个功能合理、美观大方、格调高雅、富有个性的室内环境。室内装饰设计的基本要素有六个，即空间、光影、装饰、色彩、陈设和绿化。

1.2.1 空间要素

设计师最基本的素材是空间。空间既是一种客观存在，又是无形的。室内装饰设计是一个完善空间布局功能、提升空间品质的过程。不管室内设计的性质如何，我们应该考虑满足实用、经济、美观、独特的空间设计标准，如图 1-10 所示。

图1-10 满足空间设计标准

所谓实用，即满足使用功能，创造出使生活更加便利的环境，以及根据空间的功能特点和人类的行为模式进行相应的区域划分，形成合适的面积、区域以及形状，如图 1-11 所示。

图1-11 区域划分

【小贴士】

室内设计的空间环境是否给人以美感，首先要看这项设计是否符合空间的用途和性质，其次要看设计的空间环境是否符合形式美的原则。室内设计要给人以美的感受，关键在于室内的各种形式要素要符合形式美的原则。

所谓经济，是指在选择和使用材料时，设计方案应自然、经济、环保，片面追求使用奢华高档的材料并不见得能形成好的空间设计，要根据使用者的经济承受能力和个人喜好，尽量以较少的资金投入发挥最大的空间效益，如图 1-12 所示。

图1-12　选材自然、经济、环保

【知识拓展】

审美感，即人对美的主观感受、体验与评价，是一种赏心悦目和怡情的心理状态，是构成审美意识的基础和核心，同时美感又是创造美的心理基础。审美感认识和其他认识一样，都是以感性认识为基础。人要认识对象的美，必须以直接的方式去感知对象，如感知对象的形体、色彩、韵律、线条、质地等。因为美的事物都有一定的可感知的外貌特征与形象。但美感又不同于一般的感性认识，它还包含着理性认识的内容。因为美的事物不仅具有感性形象和漂亮的形式，而且还有丰富的内在本质和一定的生活内涵。

所谓美观，是指能满足使用者一定的精神和审美需求，利用对室内空间的各种艺术处理手法，使我们的眼睛以及其他感官获得审美享受，如图 1-13 所示。

所谓独特，是指根据使用者的个性化要求，强调某种形象或风格，向空间的使用者和体验者传达某种信息，使空间具有深刻的形式内涵，如图 1-14 所示。

图1-13 室内空间美观别致

图1-14 个性化空间

1.2.2 光影要素

室内空间光影要素的构成，直接影响到人的感觉，是室内装饰设计的灵魂，对体现环境特征具有十分重要的意义。事物的形式之美总是引发人们更加深入地去探索它的内在美。光影是构成室内空间的要素之一，是空间造型和视觉环境渲染中不可或缺的组成部分，光影的构成及其品质是衡量空间环境的一个重要标志。在现代居住空间中，艺术照明是室内设计众多环节中极为重要的一环，虽然与家具、布艺色彩等装饰元素相比，照明设计似乎无法提供直接和持久的满足感，但如果失去了照明，再精美的装饰元素也无从展现。

【知识拓展】

光影是由光线照射在非透明或半透明物体上，在物体的背光面留下的黑色或灰色空间，物体会因形状的不同而产生不同的阴影，不同的光产生不同明度的阴影。

【案例1–1】

办公新概念——Clubhouse酒店式办公空间

Clubhouse 是一家坐落于英国伦敦 Mayfair(伦敦市的上流社交区)的会员制、酒店式办公空间，它集商业俱乐部、酒吧、会议区于一体；由英国著名设计公司 SHH 设计完成。出色的设计理念，将精品酒店的奢华休闲感觉与办公空间的高科技感与时代感相结合的设计风格，使联合办公行业的发展迈进了全新的高度。

Clubhouse 一层的前半部分被设置为私人空间，拥有 4 间大小、风格不同的会议室。大会议室是在一层的左侧，拥有一张巨大的黑灰色的桌子，屋顶的天窗为该房间提供了足够的日照。天窗被铜板镶嵌，令房间倍感温暖；4 盏新款吊灯由英国著名装饰灯具设计师 Tom Dixon 设计，其外黑内铜的配色与整个房间相得益彰。第二间会议室采用玻璃和胡桃木作为整体框架，会议室正中为胡桃木会议桌，墙壁贴着奶油色的壁纸。第三间会议室与第二间类似，但要小一些、紧凑一些，自然光也可以透过屋顶的天窗照射进来。第四间会议室是最小的，可以容纳 6 个人。而第二间和第三间会议室可以容纳 8 个人，大会议室则可以容纳 12 人。会议区外，是一个开放区域。整个区域类似酒店大堂的设计，摆放着由英国 Morgan 工厂设计制作的沙发和扶手椅，还有 Tom Dixon 设计的吊灯。两个巨大的靠背扶手椅和突出的地灯，更加渲染出休息区的感觉。第一层的另一区域是一个大型的、灵活的非正式空间，在这个区域里，松散地摆放着一些家具；该区域可以提前预订，并可根据预定的需求调整为符合使用者需求的空间。通过玻璃楼梯，可以通往二楼的办公区。办公桌是由一家叫作 Koleksiyon 的土耳其公司设计的，它看起来更像是家庭用的书桌而不是典型办公桌。该项目的特色区域还包括“俱乐部休息区”——一个深色的、紧凑的空间，天鹅绒的靠背扶手椅，黑色地毯，木炭深灰色的墙壁和顶棚，以及别具特色的壁纸。这是一个“能让时间停留”的休息区，适合放松和交谈，如图 1-15 ～图 1-17 所示。

图1-15　Clubhouse酒店式办公空间(1)

01

图1-16　Clubhouse酒店式办公空间(2)

图1-17　Clubhouse酒店式办公空间(3)

【案例分析】

随着科技的日新月异，人们的生活习惯也在悄然发生着改变，而为工作生活服务的设计更是要走在“变”的最前沿。越来越多的办公家具设计师开始突破传统思维的束缚，寻找新的理念呈现形式，例如Clubhouse就独辟蹊径，将酒店家具设计理念与传统的办公家具设计理念相结合，创造出全新的办公环境：酒店式办公空间。

Clubhouse选择了Mayfair作为它的旗舰场地，因为Mayfair具有极佳的中心地理位置。Clubhouse的整体面积为8000平方英尺，其中首层为5000平方英尺，二层为3000平方英尺。整个空间被划分成若干个功能实用的空间，包括办公位，休息室，能容纳不同人数具有不同风格的封闭或开放式会议区，供企业举办如研讨会、产品发布会等大型活动的活动空间等。而所有这些建筑空间的设计，SHH公司仅用了8周的时间。

1.2.3　装饰要素

室内整体空间中不可缺少的柱子、墙面等建筑构件，结合其功能加以装饰，可共同构成完美的室内环境。充分考虑不同装饰材料的质地特征，可以获得不同风格的室内艺术效果，同时还能体现地区的历史文化特征。材料的选用是室内设计中直接关系到使用效果和经济效益的重要环节，巧妙用材是室内设计中的一大学问。从实用的角度来讲，设计应考虑的是室内的造型与人的活动相吻合，并使用合适的材料，选用适当的加工方法，同时还应考虑到材料和劳动的消耗成本及管理成本，力求用最少的费用获得最大的经济效益。装饰材料需要满足使用功能和人们身心感受两方面的要求，如图1-18所示。

图1-18　不同质地的装饰材料

1.2.4 色彩要素

色彩是一种直观的表达手法。在室内空间中，色彩的搭配是营造空间氛围的重要手段之一。室内色彩除对视觉环境产生影响之外，还直接影响人们的情绪。

室内环境很少由单一色彩构成，通常是不同色彩的组合。色彩感觉设计的主观联想因人而异，这种色彩敏感性和色彩偏好是普遍存在的。色彩总是依附于具体的对象和空间，而对象的形状和空间不同的形式肯定会对色彩感觉产生影响。因此，科学用色有利于工作、有益于健康。色彩处理得当既符合功能要求，又能取得美观效果。另外，室内色彩除了必须遵守一般的色彩规律外，还应随着时代审美观的变化而不断变化，如图 1-19 所示。

图1-19　空间色彩搭配

【小贴士】

居室过高时，可用暖色系和明度高的色彩，减少空旷感。因为色彩能使人产生进退、凹凸、远近的不同感觉。充分运用色彩的这种物理效应，可改变室内空间的面积或体积的视觉感。除此之外，不同的色彩与色彩的纯度、明度的不同，会带给人不同的心理反应。因此色彩的选择应根据使用者的年龄、性格、阅历设计出适合的色彩，满足使用者视觉和心理的双重需要。

1.2.5　陈设要素

室内陈设艺术设计是指在室内装饰设计的后期或在室内项目设计完成后，室内陈设艺术设计师或相关人员根据室内总体环境设计、功能需求、使用对象要求、审美要求、工艺要求、预算要求等对各室内空间进行规划，或进行简单的陈设物加工，创造出高艺术品位的整体室内环境。室内众多陈设物自身的美感非常重要，这是衡量室内陈设设计品位高低的关键，一定要经过精心设计与认真挑选，但是要以不影响整体美感为前提，所以陈设艺术设计的宗旨是兼顾陈设物的美与环境的整体美。陈设是可移动的，可随意更换的，其作用在于装饰、点缀。

室内陈设艺术设计必须充分关注“艺术性”和“个性”两个方面：“艺术性”的追求是美化室内视觉环境的有效方法，建立在装饰规律的形式原理和形式法则的基础上；“个性”的塑造完全建立在人的性格和学识修养等基础之上，通过室内陈设品的形式，反映出不同的情趣和格调，如图 1-20 所示。

图1-20　室内陈设

【知识拓展】

由墙面、地面、顶面围合的空间称为一次空间，除非进行耗时耗费的改造，很难将其改变。利用陈设艺术可以很好地分割空间，这种在一次空间划分出的可变空间就是二次空间。在室内设计中，利用家具、室内陈设品可以将原来单调、乏味的由钢筋混凝土构筑成的原始空间分隔开，丰富室内环境的空间层次。比如，可利用沙发和茶几的组合，构建出会客与休息小空间；学习空间可利用书架、书柜来分开；在一些家庭庭院中，放置一个圆形青石板小茶凳，引入山水意境，分割出休闲空间。这种分割不仅使空间的使用功能更趋于合理，更能为人所用，还使室内空间更富有层次感，创造出环境空间的意境。

1.2.6　绿化要素

室内装饰设计中，绿化已成为改善室内环境的重要手段，是最富有生气、最富有变化、最具有可塑性的室内装饰物。它除了利用自身的形态、色彩、肌理和气味等要素为人们创造美感，同时还通过不同的组合方式与所处环境有机地结合为一个整体，从而形成好的环境效果。通过各种植物的摆放，还可以起到分割空间、联系空间、指示空间、调整空间、柔化空间、填充空间等组织空间的作用。除此之外，利用植物自身的生态特点，通过绿化还可以起到改善环境、净化空气的作用，如图 1-21 所示。

图1-21　室内绿化

本章小结

室内装饰设计是人类创造更好的生存与生活环境条件的重要活动，它通过运用现代的设计原理进行“适用、美观”的设计，使室内空间更加符合人们的生理需要和心理需求，同时也促进了社会中审美意识的普遍提高，从而不仅对社会的物质文明建设有着重要的促进作用，而且对社会的精神文明建设也有着潜移默化的积极作用。学习室内装饰设计，首先应该对室内装饰设计的概念和基本要求进行了解，深刻理解并能灵活运用室内装饰设计的构成要素。

思考练习题

1．室内装饰设计的概念是什么？
2．简述室内装饰设计的基本要求。
3．室内装饰设计的构成要素有哪几方面？请分别进行阐述。

实训课堂

实训课题：观察分析一处自己感兴趣的室内空间

内容：实地观察一处自己认为装饰设计相对成熟的室内空间，体会室内装饰设计的各个构成要素。

要求：实地观察后需要写出观察总结，需认真阐述所观察空间的各项设计要素并配上图片资料。观察总结必须实事求是、理论联系实际、观点鲜明，不少于2000字；文字中附插图，要求编排形式合理。

第2章

室内装饰设计简史

学习要点及目标

☆了解室内装饰设计的发展过程。

☆掌握室内装饰设计各个阶段的设计特点。

核心概念

装饰风格　　哥特式风格　　巴洛克风格

本章导读

神秘的苏美尔艺术

苏美尔文明是世界上最早的文明之一。苏美尔地区位于两河流域南部，苏美尔人并不是这一地区最原始的居民，他们是大约从欧贝德文化期(约公元前5300—前3500年)开始陆续迁入该地区的。因此，我们说苏美尔人的艺术，只能从欧贝德文化期开始。继欧贝德文化期之后的是乌鲁克文化期(约公元前3500—前3000年)，即古朴苏美尔时期(Early Sumerian Period)。在乌鲁克晚期，出现了最早的泥板文书(字体为图画文字，后发展为楔形文字)，标志着文明的产生。之后，苏美尔地区进入了城邦争霸时期(或称早王朝时期，Early Dynastic Period，约公元前2900—前2300年)和苏美尔帝国时期(主要包括古地亚王朝和乌尔第三王朝，约公元前2150—前2004年)。公元前2004年，印欧族埃兰人攻破乌尔城，最后一个苏美尔人的王朝灭亡了。苏美尔人在从城邦到帝国的政治道路上走到了尽头，从此退出了历史舞台。但他们丰富的文化遗产，却被两河流域的塞姆人牢牢地继承下来。

苏美尔人的艺术作为一种对明确含义和发达文化的表达，是首先从建筑艺术开始的。虽然建筑艺术起初十分简单，但是它仍然表现了独具特色的风格。在埃瑞都，最古老的神庙由一个单独的四边形房间组成，在中央处有一个祭坛。但是后来的建筑已经增加了一个壁龛状墩座的偏间，甚至这一时期这两种最古老的神庙已经有了四个角落朝向主要的界点位置。这些早期建筑物已经变成适合本地区的带山墙顶的木质房屋，这是由新定居者引进的造型。例如，从欧贝德中期开始，苏美尔地区早期建造的房屋的正面设计都仿造了这一造型，为的是在墙壁上挖一个壁凹，这是所有宗教的特色。建筑的另外一个发展也开始于欧贝德时期，并发展成为后来古朴苏美尔时期的纪念性神庙。

苏美尔地区的装饰艺术相对简单。在埃瑞都繁盛时期后，原先的艺术风格又维持了很长一段时间，其艺术风格变得越来越敷衍了事，直到乌鲁克时期最终消失。例如，两河流域西北部的哈拉夫文化与其他装饰风格相比，其不完全的陶器三色染色装饰工艺影响面波及叙利亚、安纳托利亚直到苏美尔地区，甚至两河流域东北部和中部地区的器皿也受其风格的影响。这些地区的陶器彩绘工艺成为流行的“欧贝德样式”——一种融合了幼发拉底河下游地区和叙利亚的工艺的综合艺术形式。

【案例分析】

苏美尔文明，也叫两河文明或两河流域文明，是指在两河流域间的新月形沃土——底格里斯河和幼发拉底河之间的美索不达米亚平原发展起来的文明，是西亚最早的文明。古代西亚的广大地区（现两河流域和伊朗高原）是人类最早进入文明的地区之一。众多的民族依靠他们的勤劳和智慧，共同创造了古西亚艺术设计的高度成就。其成就主要体现在陶器、金银器和染织品的设计和制作方面，是在古代西亚地区休养生息的各民族集体智慧的结晶。

（摘自：新浪博客——亚述学，刘昌玉，作者改编）

2.1 古代埃及的室内装饰

古代的尼罗河流域是人类文明的重要发祥地之一，四大文明古国之一的埃及就位于狭长的尼罗河谷地。古代埃及人创造了人类最早的、第一流的建筑艺术以及室内装饰艺术，早在3000多年前就已使用正投影绘制建筑物的立面图和平面图，绘制总图及剖面图，同时还会使用比例尺。

埃及的建筑及室内装饰史的形成和发展，大致可分以下几个时期：公元前33—前27世纪的上古王国时期，公元前27—前22世纪的古王国时期，公元前22—前17世纪的中王国时期，公元前16—前11世纪的新王国时期。

02

【知识拓展】

金字塔是埃及建筑艺术的典型代表，同时，也成为巨大的装饰艺术宝库。从守卫金字塔的那些庄严不可侵犯的雕像，到塔内线条流畅优美的绘画，无不体现出埃及装饰鲜明的风格和独特的感染力。

2.1.1 上古王国时期

上古王国时期没有留下完整的建筑物，我们可以从片断的资料中了解到，本时期的建筑物主要是一些简陋的住宅和坟墓。由于尼罗河两岸缺少优质的木材，因此最初只是以棕榈木、芦苇、纸草、黏土和土坯建造房屋。用芦苇建造房屋，先将结实挺拔的芦根捆扎成柱形做成角柱，再将横束芦苇放在上边，外饰黏土而成。墙壁也是用芦苇编成，内外涂以黏土。它的结构方法主要是梁、柱和承重墙结合，由于屋顶黏土的重量，迫使芦苇上端成弧形而称作台口线，成为室内的一种装饰。因此，这一时期室内装饰主要体现在其梁柱等结构的装饰上，而空间的布局只是比较简单的长方形。

2.1.2 古王国和中王国时期

留存至今的古王国时期主要的建筑是皇陵建筑，即举世闻名的规模雄伟巨大、形式简单朴拙的金字塔。这一时期神庙建筑发展相对缓慢，其建筑材料在早期是以通过太阳晒制的土砖及木材为主，后来逐渐出现了一些石结构。建筑是由柱厅、柱廊、内室和外室等部分组成的单元建筑群，室内的墙壁布满花岗石板，地面铺以雪花石。柱式的形式比较多，既有简单朴素的方形柱，也有结实精壮的圆形柱，还有一种类似捆扎在一起的芦苇秆状的外凸式沟槽柱。柱式的发明和使用是古王国时期室内设计中最伟大的成绩，也是该时期建筑艺术中最富表现力的部分，如图 2-1 和图 2-2 所示。

图2-1 金字塔

图2-2 金字塔内部装饰

【知识拓展】

中王国时期，首都迁到上埃及的底比斯，峡谷窄狭，两侧为悬崖峭壁。在这里，金字塔的艺术构思完全不适合了。人们开始仿效当地贵族的传统，大多在山岩上凿石窟作为陵墓。于是，古埃及人就利用原始拜物教中的山岩崇拜来神化法老。在这种情况下，法老陵墓的新格局是：祭祀的厅堂成了陵墓建筑的主体，扩展为规模宏大的祀庙。它建造在悬崖之前，按纵深系列布局，最后一进是凿在悬崖里的石窟，作为圣堂。整个悬崖被巧妙地组织到陵墓的外部形象中来。

中王国时期，随着政治中心由尼罗河下游转移到上游，出现了背靠悬崖峭壁建成的石窟陵墓，成为中王国时期建筑的主要形式。古王国和中王国时期的住宅，它的室内布局与现今的住房相差无几，尤其是贵族的住宅，内部被很明确地划分成门厅、中央大厅以及内眷居室、仆人房。中央大厅为住宅的中心，其天花板上有供采光的天窗。大厅中央一般是带莲头的深红色柱子，墙面往往装饰着画满花图案的壁画。家具在古王国时期有所发展，以往埃及人日常生活中在室内地面盘腿打坐，这时已出现较简单的木框架家具，如图 2-3 所示。

图2-3　阿布辛贝石窟庙

2.1.3　新王国时期

新王国时期是古埃及的鼎盛时期，宗教以阿蒙神为主神，即太阳神，法老被视为神的化身，为适应宗教统治，因此神庙取代了陵墓，成为这一时期突出的建筑。

【小贴士】

新王国时期，太阳神庙代替陵墓成为皇帝崇拜的纪念性建筑物，占据最重要的地位。太阳神庙有两个艺术重点：一个是大门，群众性的宗教仪式在它前面举行，力求富丽堂皇，和宗教仪式的戏剧性相适应；另一个是大殿内部，皇帝在这里接受少数人的朝拜，力求幽暗而威严，和仪典的神秘性相适应。

神庙在一条纵轴线上，以高大的塔门、围柱式庭院、柱厅大殿、祭殿以及一连串的密室组成一个连续而与外界隔绝的封闭性空间，而且没有统一的外观，除了正立面是举行宗教仪式的塔门外，整个神庙的外形只是单调、沉重的石板墙，因此神庙建筑真正的艺术重点是在室内。其中大殿室内空间中，密布着众多高大粗壮且直径大于柱间净空的柱子，人在其中感觉到处处遮挡着视线，使人觉得空间的纵深复杂且无穷无尽。柱子上刻着象形文字和比真人大几倍的彩色人像，其宏大的气势使人感到自己的渺小和微不足道，自然给人一种压抑、沉重和敬畏感，从而达到宗教所需要的威慑感。为了加强宗教统治，这样的神庙遍及全国，其中最为著名的是卡纳克阿蒙神庙，它是当今世界上仅存规模最大的庙宇，如图 2-4、图 2-5 所示。

图2-4　阿蒙神庙(1)

在这一时期贵族的住宅也有所发展，室内的功能更加多样，除了主人居住的部分外，还增加了柱厅和一些附属空间，如谷仓、浴室、厕所、厨房等。其中柱厅为住宅的中心，其顶棚也高出其他房间，并设有高侧窗。这些住宅仍多为木构架，墙垣以土坯为主，并且有装修，墙面一般抹一层胶泥砂浆，再饰一层石膏，然后是画满植物和飞禽的壁画，顶棚、地面、柱梁都有各种各样异常华丽的装饰图案。

图2-5　阿蒙神庙(2)

2.2　古代西亚的室内装饰

古代西亚是人类文明的最早发源地之一。西亚地区是指伊朗高原以西，经两河流域直到地中海东岸这一狭长地带，幼发拉底河和底格里斯河之间称为美索不达米亚平原，正是这没有天然屏障广阔肥沃的平原，才使各民族之间互相征战，以至于王朝不断更迭，从公元前 19 世纪开始先后经历了苏美尔、古巴比伦、亚述、新巴比伦和波斯王朝。

【小贴士】

古代西亚是世界上最早出现陶工艺的地区之一，约在公元前 6000 年，两河流域和伊朗高原的苏萨地区就出现了制陶作坊，并且具有各自的特色。

两河流域的陶制品中最具代表性的是彩纹土陶，器型丰满、装饰华美，大多装饰有致密的几何纹和风格化的牛头、水禽、山羊、奔鹿、驴马等变形动物纹。

2.2.1　苏美尔

苏美尔时期主要的建筑是山岳台，它是一种多层高台。由于两河下游缺乏良好的木材和石材，人们用黏土和芦苇造屋，公元前 4 世纪才开始大量使用土坯。一般房屋在土坯墙头搭树干作为梁架，再铺上芦苇，然后铺一层土。因为木质低劣，室内空间常常向窄而长的方向发展，因此也无须用柱子。布局一般是面北背南，内部空间划分采用芦苇编成的箔作间隔。因为当地夏季湿热而冬季温和，多设有一间或几间浴室，用砖铺地，如图 2-6 所示。

图2-6　乌尔山岳台

【知识拓展】

金属工艺在两河流域的历史极其悠久，世界上最早的青铜器就诞生在两河流域，可以一直追溯到公元前5000年左右。定居的苏美尔人已经初步掌握了金、银、铜等金属的冶炼、铸造以及加工技术，并且不断地有精湛绝伦的金属工艺作品问世。作品的造型多为翼狮、牡鹿、羊等形象，翼狮与牡鹿是具有代表性的一件青铜作品，长方形的格局装饰着一头翼狮和对称侧身的两只牡鹿，翼狮的头部和翼纹、牡鹿的鹿角刻画得非常细腻，体现出作者对动物身体结构和情态的高超把握能力。

2.2.2　古巴比伦王国

古巴比伦王国的文明基本是继承了苏美尔文化的传统。这一时期是宫廷建筑的黄金时代。宫殿豪华而实用，既是皇室驻地，又是神权政治的一种象征，还是商业和社会生活的枢纽。宫殿往往和神庙结合成一体，以中轴线为界，分为殿堂和内室两部分，中间保持着一个露天庭院。室内空间比较完整的是玛里城——一座建于公元前1800年的皇宫。皇宫大部分面积是著名的庙塔所在的区域，在另一侧小部分是国王接见大厅和附属用房，在大厅周围的墙壁上是一幅幅充满宗教色彩的壁画。

2.2.3　亚述

两河上游的亚述人于公元前1230年统一了两河流域，又开始大造宫殿和庙宇，最著名的就是萨尔贡王宫。萨尔贡王宫分为三部分：大殿、内室寝宫和附属用房。大殿后面是由许多套间组成的庭院。套间里有会客大厅，皇室的寝宫就在会客大厅的楼上，宫殿内装饰辉煌，令人惊叹。四座方形塔楼夹着三个拱门，在拱门的洞口和塔楼转角的石板上雕刻着象征智慧和力量的人首翼牛像，正面为圆雕，可看到两条前腿和人头的正面，侧面为浮雕，可看到四条腿和人头侧面，一共五条腿，因此从各个角度看上去都比较完整，并没有荒谬的感觉，如图 2-7 所示。宫殿室内装饰得富丽堂皇，豪华舒适，其中含铬的黄色的釉面砖和壁画成为装饰的主要特征。

图2-7　人首翼牛像

2.2.4　新巴比伦王国

公元前 612 年，亚述帝国灭亡，取而代之的是新巴比伦王国，这一时期都城建设的发展成就惊人，最为杰出的是被称为世界八大奇迹之一的“空中花园”。宫殿内壁镶嵌着多彩的琉璃砖，这时的琉璃砖已取代贝壳和沥青成为主要的饰面材料。琉璃饰面上有浮雕，它们被预先分成片段做在小块的琉璃上，贴面时再拼合起来，内容多为程式化的动植物或其他花饰，在墙面上均匀地排列或重复出现，不仅装饰感强，而且更符合琉璃砖大批量模制生产的需要。这时的装饰色彩比较丰富，主色调是深蓝、浅蓝、白色、黄色和黑色，如图 2-8、图 2-9 所示。

图2-8　空中花园遗址

图2-9　琉璃装饰墙面

2.2.5 波斯

波斯即今天的伊朗，于公元前 538 年攻占巴比伦成为中东地区最强大的帝国。波斯对于所统治的各地不同民族的风俗都予以接纳，包括亚述和新巴比伦的传统艺术，同时吸取了埃及等地的文化，最终融合而形成独特的波斯文化。波斯的建筑与室内装饰也有着鲜明而浓厚的民族特色，其中代表波斯建筑艺术顶峰的是帕赛玻里斯宫殿。它建在一个依山筑起的平台上，大体分成三部分：北部是两个正方形大殿，东南是财库，西南是寝宫。两个大殿中，其中大的一座柱子共 100 根，故被称为“百柱大殿”。柱子造型极其精致而生动，柱头是高度概括对称的两个牛头，它们背靠一个身子，木梁从牛身上穿过。柱础石呈覆钟形，并刻着花瓣。天花的梁枋和整个檐部都包着金箔，墙面画满了壁画，如图 2-10 ～图 2-12 所示。

图2-10　帕赛玻里斯宫殿

图2-11 百柱大殿

图2-12 壁画

【知识拓展】

古代波斯的金银制品善于以动物形态与器皿相结合，其中翼狮形黄金角杯最具代表性。在阿克美尼德王朝时期，翼狮形角杯极为盛行，它不仅作为饮用酒或其他饮料的实用容器，同时也是权势和富贵的象征物。此时的金银器做工精致，装饰豪华，充满了宫廷享乐主义色彩，也反映了强大的波斯帝国处于黄金时代——阿克美尼德王朝时期的风采。

波斯后期的室内编织工艺也达到了较高的水平，其中丝织品的图案花纹是极受欧洲人欢迎的，基本上有两种纹样：一种是以大圆团花为主体，四周连以无数小圆花的图案；另一种是以狩猎为主的情景性图案。这些编织品曾布置和陈设在宫殿的寝宫和一些贵族住宅的室内空间中，既是生活必需品又是装饰品，如图2-13、图2-14所示。

图2-13 大圆团花纹样

图2-14 狩猎纹样

2.3 古代爱琴海地区的室内装饰

公元前 20 世纪上半叶，古代爱琴海地区以爱琴海为中心，包括希腊半岛、爱琴海中各岛屿与小亚细亚西海岸的地区。它先后出现了以克里特、迈锡尼为中心的古代爱琴海文明，史称克里特—迈锡尼文化。爱琴文化是一个独立的文化体系，它的建筑，尤其是内部空间设计具有独特的艺术魅力。

【知识拓展】

克诺索斯王宫遗址是米诺斯文化中最重要的遗址，位于克里特岛伊拉克利翁市东南 8 公里，始建于公元前 1900 年左右，并一直成为克里特岛的政治、经济、文化中心，集中地代表了青铜时代的克里特文化，即米诺斯文化的成就。当年伊文思的考古发掘工作就是在这里进行的，而且其研究和复原工作一直延续到近年。

史称，米诺斯王朝在其极盛期建立了对诸如西克那底斯群岛等一些爱琴海岛屿和包括雅典在内的希腊部分地区的统治，于是，“克里特式样”也随之传播到爱琴海各岛屿乃至希腊本土上。

属于岛屿文化的克里特是指位于爱琴海南部的克里特岛，其文化主要体现在宫殿建筑，而不是神庙上。宫殿建筑及内部设计风格古雅凝重，空间变幻莫测，极富特色。最有代表性的就是克诺索斯王宫，它是一个庞大复杂的依山而建的建筑，建筑中心是长方形庭院，四周是各种不同大小的殿堂、房间、走廊及库房，而且房间之间互相开敞通透，室内外之间常常用几根柱子划分，这主要是克里特岛终年气候温和的原因。另外，内部结构极为奇特多变，正是因为它依山而建，造成王宫中地势高差很大，空间高低错落，走道及楼梯曲折回环，变化多端，曾被称为“迷宫”。功能上的舒适很关键，敞开式的房间在夏天可以感受到微风，另一部分可以关闭的房间在冬天能用铜炉烧水。另外还备有洗澡间和公共厕所，并有十分完备的下水道系统。装饰与舒适同等重要，宫殿的室内和庭院中铺着石子，其他房间和有屋顶的地方都铺有地砖。柱廊和门廊中的柱子都是木制的，上粗下细，整个柱式造型奇异而朴拙，又不失细部装饰。房间和廊道的墙壁上绘满壁画，顶棚也涂了泥灰，绘有一些以植物花叶为主的装饰纹样，光线通过许多窄小的窗户和洞孔射入室内，使人置身其间，有一种扑朔迷离的神秘感，如图 2-15、图 2-16 所示。

作为大陆文明的迈锡尼是位于希腊半岛的一座古城，其文化与克里特文化在很多方面都有所不同，它的宫殿建筑是封闭而与外界隔绝的，主要房间被称作“梅格隆”，含意是“大房间”，其形状是正方形或长方形，中央有一个不熄的火塘，是祖先崇拜的一种象征。一般是四根柱子支撑着屋顶。它的前面是一个庭院，其他型制同克诺索斯宫殿一样，空间呈自由状态发展，没有轴线，如图 2-17 所示。

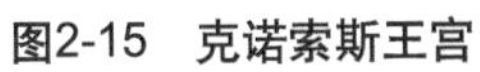

图2-15　克诺索斯王宫

图2-16　装饰纹样

图2-17　梅格隆

【知识拓展】

迈锡尼文明由阿卡亚人创造，与同时代的克里特文明水平相当，但风格较为粗犷。阿卡亚人是希腊民族的一支。他们原先居住在多瑙河沿岸的平原地带，大约在公元前2200年向南迁移，侵入希腊，并开始从氏族社会向奴隶社会过渡。一般把希腊历史上大约从公元前1500年到公元前1200年称为迈锡尼文明时期。迈锡尼文明的范围包括希腊半岛的南部和中部，以及克里特岛和爱琴海上的其他一些岛屿。迈锡尼文明时期，希腊半岛上出现了许多奴隶制城邦文明，主要有迈锡尼、雅典、梯林斯、皮洛斯等，以迈锡尼为代表，故称“迈锡尼文明”。

2.4 古代希腊的室内装饰

古代希腊是指建立在巴尔干半岛及其邻近岛屿和小亚细亚西部沿岸地区诸国的总称。古代希腊是欧洲文化的摇篮，古希腊人在各个领域都创造出了令世人刮目相看的充满理性文化的光辉成就，建筑艺术也达到了相当完美的程度，按其发展主要可分为三个时期：公元前8—前5世纪的古风时期；公元前5—前4世纪的古典时期；公元前4世纪以后的希腊化的时期。

2.4.1 古风时期

古风时期的建筑及其室内装饰艺术尚处在发展阶段，尤其是内部设计更是处于低潮期，而且当时的社会认为建筑艺术更重要的是表现在建筑的外部，因此他们的全部兴趣和追求都体现在建筑的外围，常常设计成浮雕，内容多为盛大的宗教活动。

2.4.2 古典时期

古典时期是希腊建筑艺术的黄金时代。在这一时期，建筑类型逐渐丰富，风格更加成熟，室内空间也日益充实和完善。

帕特农神庙作为古典时期建筑艺术的标志性建筑，坐落在世人瞩目的雅典卫城的最高处。它不仅有着庄严雄伟的外部形象，内部设计也相当精彩，内部殿堂分为正殿和后殿两大部分。正殿沿墙三面有双层叠柱式回廊，柱子也是多立克式的。中后部耸立着一座高约12米的用黄金、象牙制作的雅典娜神像。整座神像构图组合精彩，被恰到好处地嵌入建筑所廓出的内部空间中。神庙内墙上时浮雕带，这是帕特农神庙浮雕中最精彩的一部分。后殿是一个近似方形的空间，中间四根爱奥尼式柱，以此标志空间的转换。帕特农神庙是希腊建筑艺术的典范作品，无论外部设计还是内部设计，都遵循理性及数学的原则，体现了希腊和谐、秩序的美学思想，如图2-18、图2-19所示。

图2-18　帕特农神庙

图2-19　帕特农神庙浮雕

2.4.3　希腊化时期

公元前 4 世纪后期，北方的马其顿发展成军事强国，统一了希腊，并建立起包括埃及、小亚细亚和波斯等横跨欧、亚、非三大洲的马其顿帝国，这个时期被称为希腊化时期。这一时期，一改以往以神庙为中心的建筑特点，而是向着会堂、剧场、浴室、俱乐部和图书馆等

公共建筑类型发展，建筑风格趋向纤巧别致，追求光鲜花色，从而也失去了古典时期那种堂皇又明朗和谐的艺术形象。

内部空间设计方面，在功能方面的推敲已相当深入，如麦加洛波里斯剧场中的会堂内部空间，座位沿三面排列，逐排升高。其中最巧妙的是柱子都以讲台为中心呈放射线形排列，任何一个角落的座位都不会遮挡视线。

古希腊的建筑及其室内装饰以其完美的艺术形式、精确的尺度关系，营造出一种具有神圣、崇高和典雅的空间氛围。不仅以三种经典华贵的柱式为世人瞩目，在室内陈设上也达到了很高的成就，其中雕塑便是最好的典范。

【知识拓展】

希腊古典风格神庙建筑体现了希腊古典风格单纯、典雅、和谐的风貌。多立克、爱奥尼克、科林斯是希腊风格的典型柱式，也是西方古典建筑室内装饰设计特色的基本组成部分。

(1) 多立克柱式：柱子比例粗壮，高度约为底径的 4 ～ 6 倍。柱身有凹槽，槽背呈尖形，没有柱础。檐部高度约为整个柱式高度的 1/4，柱距约为底径的 1.2 ～ 1.5 倍。

(2) 爱奥尼柱式：柱子比例修长，高度约为底径的 9 ～ 10 倍。柱身有凹槽，槽背呈带形。檐部高度约为整个柱式高度的 1/5，柱距约为底径的 2 倍。

(3) 科林斯柱式：除了柱头如满盛卷草的花篮外，其他同爱奥尼柱式。

2.5　古代罗马的室内装饰

当古希腊逐渐衰落时，西方文化的另一处发源地——罗马在亚平宁半岛崛起了。古代罗马包括亚平宁半岛、巴尔干半岛、小亚细亚及非洲北部等地中海沿岸大片地区，以及今日的西班牙、法国、英国等地区。古罗马自公元前 500 年左右起，进行了长达 200 余年的统一亚平宁半岛的战争，统一后改为共和制，以后，不断地对外扩展，到公元前 1 世纪建立了横跨欧、亚、非三大洲的罗马帝国。古希腊的建筑被古罗马继承并把它向前大大地推进，达到奴隶制时代的最高峰。其建筑类型多，形制发达，结构水平也很高，因此建筑及室内装饰的形式和手法极其丰富，对以后的欧洲乃至世界的建筑及室内设计都产生了深远的影响。

2.5.1　罗马共和时期

罗马共和时期创造并广泛应用券拱技术，达到了相当高的水平，形成了古罗马建筑的重要特征。由于重视广场、剧场、角斗场、高架输水道等大型公共建筑，相对而言，室内装饰发展并不显著，但是柱式却在古希腊的基础上大大地发展起来，如图 2-20、图 2-21 所示。

图2-20　古罗马角斗场(1)

图2-21　古罗马角斗场(2)

【小贴士】

古罗马建筑是世界建筑史上最辉煌的一章，是人类创造的建筑奇迹。对希腊艺术的模仿是罗马艺术的原动力，但是这并不影响罗马艺术本身的发展并形成独有的特色。古希腊建筑充满了对神的崇拜，为人类留下了充满理想美的断臂维纳斯；而古罗马建筑充满了对英雄的崇拜，为后人留下了古罗马大角斗场和凯旋门。

这时的住宅，可分为四合院和公寓住宅。其中四合院住宅是供奴隶主贵族居住的，现存的大多位于古城庞贝。这类住宅的格局多为内向式，临街很少开窗，一般分前厅和柱廊庭院两大部分，前厅为方形，四面分布着房间。中央为一块较大的场地，上面的屋顶有供采光的长方形天窗，与它相对应的地面有一个长方形泄水池。房间室内采光、通风都较差，壁画也就成为改善房间环境的主要方法，成为这一时期室内装饰中最明显的特点。壁画一般分为两类：一类是在墙面上，用石膏制成各种彩色仿大理石板，并镶拼成简单的图案，壁画上端用檐口装饰；另一类最为独特，也是罗马人的首创，它是在墙面上绘制具有立体纵深感的建筑物，通过视觉幻象来达到扩大室内空间的目的：有的像开一扇窗，看到室外的自然风景；有的仿佛是房中房，使房间顿显开敞。另外，壁画的构图往往采用一种整体化的构图方法，即在墙面用各种房屋构件或颜色带划分成若干几何形区域，形成一个完整的构图，同时也借鉴柱式的构成，分为基座、中部和檐楣三段。

2.5.2 罗马帝国时期

罗马帝国是世界古代史上最大的帝国，在公元前3世纪至1世纪初，兴建了许多规模宏大并具有鲜明时代特征的建筑，成为继古希腊之后的又一高峰。万神庙是这一时期神庙建筑最杰出的代表，它最令人瞩目的特点就是以精巧的穹顶结构创造出饱满、凝重的内部空间——圆形大殿，大殿地面到顶端的高度与穹隆跨度都是43.3米，也就是说，整个大殿的空间正好嵌下一个直径为43.3米的大圆球。在穹顶的中央，开有直径为8.9米的圆形天窗，成为整个大殿唯一的采光口，而且在结构上，它又巧妙地省去圆顶巅部的重量，达到了功能、结构、形式三者的和谐统一。整个半球型穹隆表面依经线、纬线划分而形成逐级向里凹进的方格，逐排收缩，下大上小，既有很强的秩序感的装饰作用，又进一步减轻了穹顶的重量，而具有结构功能。与穹顶相对应的地面是用彩色大理石镶嵌成方形和圆形的几何图案。大殿的四周立面按黄金比例做两层檐部的线脚划分。底层沿周边墙面做七个深深凹进墙面的壁龛，二层是假窗和方形线脚交替组成的连续性构图。整个四周立面处理得主次分明，虚实相映，整体感强。当人们步入大殿中，有如身临苍穹之下，加上阳光呈束状射入殿内，随着太阳方位角度产生强弱、明暗和方向上的变化，依次照亮七个壁龛和神像，更给人一种庄严、圣洁的感觉，并与天国、神祇产生神秘的联想感应。万神庙这种单一集中式空间，处理不好很容易单调乏味，然而正是利用这单纯有力的空间形体，通过构图的严谨和完整，细部装饰的精微与和谐以及空间处理的参差有致，使其成为集中式空间造型最卓越的典范，如图2-22～图2-24所示。

图2-22 万神庙

02

图2-23　几何图案地面

图2-24　假窗与方形线脚交替

古罗马公共设施的另一项突出的成就是公共浴场，它不仅是沐浴的场所，而且是一个市民社交活动中心，除各种浴室外，还有演讲厅、图书馆、球场、剧院等，如图 2-25 所示。

图2-25　古罗马浴场

2.6 拜占庭时期的室内装饰

公元395年，罗马帝国分裂成东西两个帝国。东罗马帝国的版图是以巴尔干半岛为中心，包括小亚细亚、地中海东岸和非洲北部，建都君士坦丁堡，得名拜占庭帝国。拜占庭的文化是由古罗马遗风、基督教和东方文化三部分组成的与西欧文化大相径庭的独特的文化，对以后的欧洲和亚洲一些国家和地区建筑文化的发展，产生了深远的影响。

在建筑及室内装饰上最大的成就表现在基督教堂上，特点是把穹顶支承在四个或更多的独立支柱上的结构形式，并以帆拱作为中介的连接。同时可以使成组的圆顶集合在一起，形成广阔而有变化的新型空间形象。与古罗马的拱顶相比，这是一个巨大的进步。

其在内部装饰上也极具特点，墙面往往铺贴彩色大理石，拱券和穹顶面不便贴大理石的就用玻璃锦砖(马赛克)或粉画。马赛克是用半透明的小块彩色玻璃镶成的。为保持大面积色调的统一，在玻璃马赛克后面先铺一层底色，最初为蓝色的，后来多用金箔作底。玻璃块往往有意略作不同方向的倾斜，造成闪烁的效果。粉画一般常用在规模较小的教堂，墙面抹灰处理之后由画师绘制一些宗教题材的彩色灰浆画。柱子与传统的希腊柱式不同，具有拜占庭独特的特点：柱头呈倒方锥形，并刻有植物或动物图案，常见的一般是忍冬草。

【知识拓展】

拱券技术是罗马建筑最大的特色、最大的成就，是它对欧洲建筑最大的贡献。罗马建筑典型的布局方法、空间组合、艺术形式和风格以及某些建筑的功能和规模等，都同拱券结构有密切的联系。正是出色的拱券技术，才使罗马无比宏伟壮丽的建筑有了实现的可能，使罗马建筑那种空前大胆的创造精神有了物质的根据。罗马人大量继承了希腊的建筑遗产，但这些遗产都经过了拱券技术的改造，改变了建筑的形制、形式及风格，保证罗马人不会成为简单的模仿者。拱券技术在罗马人手里越来越成熟，使得一些依托于梁柱结构的古老建筑形制和艺术从根本上得到了改变。梁柱结构不可能创造出宽阔的内部空间，而大跨度的拱顶和穹顶则可以覆盖很大的面积，形成宽阔的建筑内部空间，以致人们的许多活动可以从室外移到室内进行。

位于君士坦丁堡的圣索菲亚大教堂可以说是拜占庭建筑最辉煌的代表，也是建筑室内装饰史上的杰作。教堂采取了穹隆顶巴西利卡式布局，中央大殿为椭圆形，即由一个正方形两端各加一个半圆组成，正方形的上方覆盖着高约15米、直径约33米的圆形穹隆，通过四边的帆拱，支承在四角的大柱墩上，柱墩与柱墩之间连以拱券。在穹隆的底部有一圈密排着40个圆卷窗洞凌空闪耀，使大穹隆显得轻巧透亮。由于这是大殿中唯一的光源，在幽暗之中形成一圈光晕，使穹隆仿佛悬浮在空中。另外，教堂内装饰得也极为华丽，柱墩和墙面用彩色大理石贴面，并由白、绿、黑、红等颜色组成图案，绚丽夺目。柱子与传统的希腊柱式不同，大多是深绿色的，也有深红色的。穹隆和帆拱全部采用玻璃马赛克描绘出君王和圣徒的形象，闪闪发光，酷似一粒粒宝石。地面也用马赛克铺装。整个大殿室内空间高大宽敞，气势雄伟，金碧辉煌，充分体现出拜占庭帝国的雄大气派。圣索菲亚教堂是延伸的复合空间，而非古罗马万神庙那种单一的、封闭型空间。它的成就不只在其建筑结构和内部的空间形象上，而且在细部装饰处理上也对当时及后来的室内装饰产生了很大的影响，如图 2-26、图 2-27 所示。

图2-26　圣索菲亚大教堂

图2-27　教堂内装饰

2.7 罗马式时期的室内装饰

罗马式这个名称是19世纪开始使用的，含有“与古罗马设计相似”的意思。它是指西欧从11世纪晚期发展起来并成熟于12世纪的建筑构造方式，其主要特点就是采用了典型罗马拱券结构。

罗马式教堂的空间形式，是在早期基督教堂的基础上，再在两侧加上两翼形成十字形空间，且纵身长于横翼，两翼被称为袖廊。拱顶在这一时期主要有筒拱和十字交叉拱两种形式，其中十字交叉拱首先从意大利北部开始推广，然后遍及西欧各地，成为罗马式的主要代表形式。这种十字交叉拱的教堂，空间组合主次分明，十字交叉点往往成为整个空间艺术处理的重点，两个筒形拱顶相互成十字交叉形成四个挑棚，它们结合产生了四条具有抛物线效果的拱棱，给人的感觉冷峻而优美。在它的下面有着供教士们主持仪式的华丽的圣坛。教堂立面由支承拱顶的拱架券一直延伸下来，贴在支柱的四面形成集束，使教堂内部的垂直因素得到加强。这一时期的教堂空间向狭长和高直发展，狭长引向祭坛，高直引向天堂，尤其以高直发展为主，以强化基督教的基本精神，给人一种向上的力量。在早期基督教时代，就开始兴起朝圣热，使各国交流频繁，从而促进罗马式风格的广泛形成。

11世纪至12世纪是罗马式艺术在法国形成和逐步繁盛的时期，并在西欧中世纪文化中起着带头作用。卡恩的圣艾蒂安教堂有很高的艺术价值。它实际上是一个十字交叉拱顶，但是中间再加一道平行肋架，如此将穹顶一分为六。这被分成六部分的拱顶不再用很重的横跨拱门来分割，而是用简单轻巧的肋架来分隔，这样既可以减轻重量，又可以使中堂、拱顶有一种连续的整体感，如图2-28所示。

图2-28　圣艾蒂安教堂

杜汉姆大教堂在英国罗马式教堂中占有特殊的地位，被看作是罗马式建筑发展的高峰。

【案例2-1】

英国罗马式教堂：杜汉姆大教堂

罗马式半圆形的拱券深受基督教宇宙观的影响，罗马式教堂在窗户、门、拱廊上都采取了这种结构，甚至屋顶也是低矮的圆屋顶。这样，整个建筑让我们感觉到圆拱形的天空一方面与大地紧密地结合为一体，同时又以向上隆起的形式表现出与大地的分离。罗马风建筑还常采用扶壁和肋骨拱来平衡拱顶的横推力，另一个创新是钟楼组合到教堂建筑之中，这时在西方，无论是市镇还是乡村，钟楼都是当地最显著的建筑。罗马式建筑窗户小，离地面高，采光少，里面光线昏暗，使其显示出神秘与超世的意境。门窗上方均为半圆形，在艺术风格上，罗马式教堂表现为堂内占有较大空间，横厅宽阔，中殿纵深，在外观上构成了十字架形。

位于英格兰东北部的杜汉姆大教堂，北距纽卡斯尔不到 30 公里，是在英国极具罗马式风格的最大建筑物。杜汉姆大教堂建于 1093 年到 1130 年之间，教堂里有许多当年主教、诸侯的宝座和棺柩，如图 2-29、图 2-30 所示。英国最早的历史学家比德的遗骨就藏在这里。

图2-29　杜汉姆大教堂

图2-30　杜汉姆大教堂的大堂

【案例分析】

罗马式建筑从古代罗马的巴西利卡式演变而来。并开始使用石头屋顶和圆拱，创造出用复杂的骨架体系建筑拱顶的办法。在教堂的平面设计上，由巴西利卡式变化为十字架形，又在圣坛后面加建一些小屋，称为圣器屋。这种罗马式十字形成为罗马式建筑的主要代表形式。在当时封建割据的情况下，罗马式教堂特别加厚外墙，窗户开得很小，且距地面较高。教堂纵横两厅交叉处的上方，往往配有碉堡式的塔楼。整个外形像封建领主的城堡，以坚固、沉重、敦厚的形象显示了当时封建宗教的权威。杜汉姆大教堂就是罗马式建筑的典型代表之一，具有窗高壁厚、柱粗拱圆的特点，造型雄浑壮观。

2.8 哥特式的室内装饰

12 世纪中叶，罗马式设计风格继续发展，产生了以法国为中心的哥特式建筑，然后很快遍及欧洲，13 世纪达到全盛时期，15 世纪随着文艺复兴的到来而衰落。

哥特式建筑是在罗马式建筑的基础上发展起来的，但其风格的形成首先取决于新的结构方式。罗马式风格虽然有了不少的进步，但是拱顶依然很厚重，因而使中厅跨度不大，窗子狭小，室内封闭而狭窄。而哥特风格由十字拱演变成十字尖拱，并使尖拱成为带有助拱的框架式，从而使顶部的厚度大大地减薄了。中厅的高度比罗马式时期更高了，一般是宽度的三倍，且在 30 米以上。柱头也逐渐消失，支柱就是骨架券的延伸。教堂内部裸露着近似框架式的结构，窗子占满了支柱之间的面积，支柱由垂直线组成，肋骨嶙峋，几乎没有墙面，雕刻、绘画没有依附，极其峻峭冷清。垂直形态从下至上，给人感觉整个结构就像是从地下长出来的一样，产生急剧向上升腾的动势，从而使内部的视觉中心不集中在祭坛上，而是所有垂线引导着人的眼睛和心灵升向天国，从而也解决了空间向前和向上两个动势的矛盾。哥特式风格的教堂空间设计与其外部形象一样，以具有强烈的向上动势为特征来体现教会的神圣精神。由于教堂墙面面积小，窗子却很大，于是窗就成了重点装饰的地方。工匠们从拜占庭教堂的玻璃马赛克中得到启发，用彩色玻璃镶嵌在组成图案的铅条中而组成一幅幅图画，后来被称为玫瑰窗，如图 2-31 所示。

图2-31 玫瑰窗

【小贴士】

哥特式风格是对罗马风格的继承，直升的线形，体量急速升腾的动势，奇突的空间推移是其基本风格。哥特式风格窗饰喜用彩色玻璃镶嵌，色彩以蓝、深红、紫为主，达到 12 色综合应用，斑斓富丽精巧迷幻的效果。哥特式风格的彩色玻璃窗饰是非常著名的，家装中在吊顶时可局部采用，有着梦幻般的装饰意境。

法国是哥特式建筑及室内装饰风格的发源地，其中最令人瞩目的就是位于法国东北部为法兰西国王举行加冕典礼的兰斯大教堂。整个教堂室内形体匀称，装饰纤巧，工艺精湛，成为法国哥特式建筑及室内装饰发展的顶峰，如图 2-32 ～图 2-34 所示。

图2-32　兰斯大教堂(1)

图2-33　兰斯大教堂(2)

图2-34　兰斯大教堂(3)

2.9 文艺复兴时期的室内装饰

14 世纪，在以意大利为中心的思想文化领域，出现了反对宗教神权的运动，强调一种以人为本位并以理性取代神权的人本主义思想，从而打破了中世纪神学的桎梏，自由而广泛地汲取古典文化和各方面的营养，使欧洲出现了一个文化蓬勃发展的新时期，即文艺复兴时期。在建筑及室内装饰上，这一时期最明显的特征就是抛弃中世纪时期的哥特式风格，而在宗教和世俗建筑上重新采用体现着和谐与理性的古希腊、古罗马时期的柱式构图要素。此外，人体雕塑、大型壁画和线型图案锻铁饰件也开始用于室内装饰，这一时期许多著名的艺术大师和建筑大师都参与了室内设计，并参照人体尺度，运用数学与几何知识分析古典艺术的内在审美规律，进行艺术作品的创作。因此，将几何形式用作室内装饰的母题是文艺复兴时期的主要特征之一。

【知识拓展】

18 世纪初，特别是维多利亚时期，在建筑和室内装饰方面出现过哥特式复兴，哥特式建筑和家具曾在英国广为流行，19 世纪传入美国，开始大批生产哥特式家具。哥特式家具多用英国深色橡木制作，粗犷敦实，雕有尖顶拱形门、皇冠和花卉图案，适合中世纪遗留的教堂建筑，深受教堂的喜爱。粗犷的哥特式家具适用于古堡建筑，如英国现在还有一些老建筑依然保持哥特式室内装饰，一些艺术文化人士喜欢哥特式的神秘感。哥特式复兴风格装饰性强，常用深色木墙围，深色织锦挂毯，绘有独特的图案，如狮子皇冠和花卉家具，以及带有同样的图案的雕刻。

2.9.1 早期文艺复兴的室内装饰

15 世纪初叶，意大利中部以佛罗伦萨为中心出现了新的建筑倾向，在一系列教堂和世俗建筑中，第一次采用了古典设计要素，运用数学比例创造出了一批具有和谐的空间效果、令人耳目一新的建筑作品。伯鲁乃列斯基 (Fillipo Brunelleschi) 是文艺复兴时期建筑及室内装饰第一个伟大的开拓者。他善于利用和改造传统，他是最早对古典建筑结构体系进行深入研究的人，并大胆地将古典要素运用到自己的设计中，将设计置于数学原理的基础上，创造出朴素、明朗、和谐的建筑室内外形象。被誉为早期文艺复兴代表的佛罗伦萨主教堂就是其代表作，佛罗伦萨主教堂不仅以全新而合理的结构与鲜明的外部形象著称，而且也创造了朴素典雅的内部形象。

【案例2-2】

文艺复兴的报春花：佛罗伦萨主教堂

佛罗伦萨大教堂也叫花之圣母大教堂、圣母百花大教堂，被誉为世界上最美的教堂，是文艺复兴的第一个标志性建筑，被称为文艺复兴的报春花。其圆顶直径达 50 米，居世界第一，是世界第四大教堂、意大利第二大教堂，能容纳 1.5 万人同时礼拜，教堂的附属建筑有洗礼堂和乔托钟楼。花之圣母教堂在意大利语中意为“花之都”。大诗人徐志摩把它译作“翡冷翠”，这个译名远远比另一个译名“佛罗伦萨”来得更富诗意，也更符合古城的气质，如图2-35～图2-37所示。

图2-35 佛罗伦萨大教堂，依次是洗礼堂、主教堂和钟塔

图2-36 钟塔细节

佛罗伦萨主教堂标志着意大利文艺复兴建筑史的开始的，是佛罗伦萨主教堂的穹顶。它的设计和建造过程、技术成就和艺术特色，都体现着新时代的进取精神。

图2-37　洗礼堂东大门细节

15世纪初，伯鲁乃列斯基着手设计这个穹顶。他出身于行会工匠，精通机械、铸工，是杰出的雕刻家、画家、工艺家和学者，在透视学和数学等方面都有过建树，也设计过一些建筑物。他正是文艺复兴时代所特有的那种多才多艺的巨匠。为了设计穹顶，在当时向古典文化学习的潮流中，他到罗马逗留了几年，废寝忘食，潜心钻研古代的拱券技术，测绘古代遗迹，连一个安置铁插榫的凹槽都不放过。回到佛罗伦萨后，他制作了穹顶和脚手架的模型，制定了详细的结构和施工方案，还设计了几种垂直运输机械。他不仅考虑了穹顶的排除雨水、采光和设置小楼梯等问题，还考虑了风力、暴风雨和地震，提出了相应的措施。终于，1420年，在佛罗伦萨政府当局召集的有法国、英国、西班牙和日耳曼建筑师参加的竞标中，伯鲁乃列斯基获得了这项工程的委任，同年动工兴建。他亲身领导了整个施工过程。1431年，他完成了穹顶，接着建造顶上的采光亭，于接近完工时逝世。1470年采光亭完成。伯鲁乃列斯基的墓被恭敬地建在主教堂的地下室里。

【案例分析】

佛罗伦萨大教堂是一组建筑群，由大教堂、钟塔和洗礼堂组成，位于现在佛罗伦萨市的杜阿莫广场和相邻的圣日奥瓦妮广场上。教堂平面呈拉丁十字形状，本堂宽阔，长达82.3米，由四个18.3米见方的间跨组成，形制特殊。教堂的南、北、东三面各出半八角形巨室，巨室的外围包容有五个呈放射状布置的小礼拜堂。

整个建筑群中最引人注目的是中央穹顶，仅中央穹顶本身的工程就历时14年，在中央穹顶的外围，各多边形的祭坛上也有一些半穹形，与上面的穹顶上下呼应。它的外墙以黑、绿、粉色条纹大理石砌成各式格板，上面加上精美的雕刻、马赛克和石刻花窗，呈现出非常华丽的风格。

【知识拓展】

英国文艺复兴风格家具的兴起同样应归功于意大利的影响。英王亨利八世曾几次造访罗马，期间招募了很多意大利的能工巧匠，正是这些工匠促进了意大利风格在英国的传播。但英国家具设计真正摆脱意大利风格的束缚则是在伊丽莎白女王统治时期，一种能够体现英国民族性格的单纯、刚劲、坚毅的风格开始形成，“威尔的顶盖大床”是这种风格最有名的代表。

达·芬奇是文艺复兴时期最伟大的天才艺术家，在建筑方面虽没留下完整的作品，但却留下了一系列建筑素描。这些素描的重要性在于：一方面将解剖学的素描技巧运用于建筑素描，创造了建筑透视图，而在此之前，建筑绘图只局限于平面和立面图，这种新的素描技巧为建筑室内外设计提供了更多的信息量，从而促进了关于建筑是有机整体观点的发展；另一方面，达·芬奇的建筑素描都是以十字形或八角形为基础的集中式教堂。这反映了他先进的建筑艺术观点，因为集中式建筑能更好地体现整体统一的观念，而且更重视与人密切相关的室内环境，如图 2-38、图 2-39 所示。

图2-38　达·芬奇建筑素描(1)

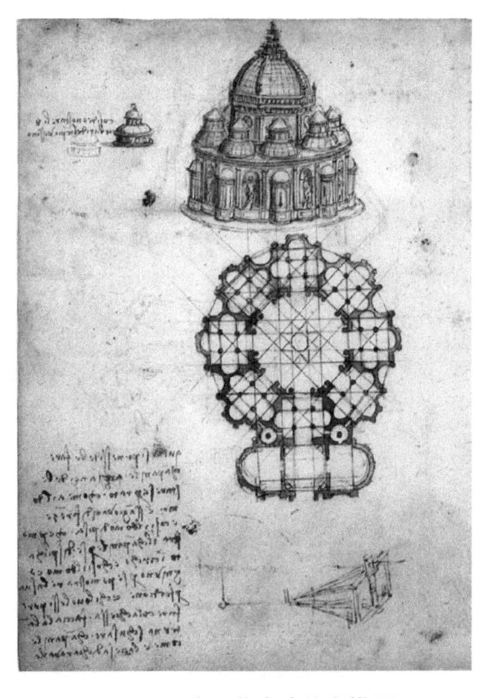

图2-39　达·芬奇建筑素描(2)

2.9.2 盛期文艺复兴的室内装饰

15 世纪中叶以后，发源于意大利的文艺复兴运动很快传播到德国、法国、英国和西班牙等国家，并于 16 世纪达到高潮，从而把欧洲整个文化科学事业的发展推到了一个崭新的阶段。同时由于建筑艺术的全面繁荣，从而带动室内装饰与设计向着更为完美和健康的方向发展。

整个文艺复兴运动自始至终都是以意大利为中心而展开的。世界上最大的教堂圣彼得大教堂是文艺复兴时期最宏伟的建筑工程。它是在罗马老圣彼得教堂的废墟上重建的，教堂平面为罗马十字形，在十字交叉处的顶部是个真正的球面穹隆，而不是佛罗伦萨那样分为八瓣的，穹顶直径 41.9 米，内部顶点高 23.4 米，几乎是万神庙的三倍。空间昂扬、健康而饱满；细部装饰典雅精致而又有节制。教堂内安装了许多出自名家大师之手的雕像壁画，从而使人感到这里并不是备受精神压迫的教堂，而是充满着人文主义气息的神圣艺术殿堂，如图 2-40、图 2-41 所示。

图2-40 圣彼得大教堂

图2-41 圣彼得大教堂内的雕像壁画

米开朗基罗 (Michelangelo di Lodovico Buonarroti Simoni) 设计的新圣器室和劳仑齐阿纳图书馆，同样富于美感和创造性。米开朗基罗首先是位雕塑家，其次才是画家和设计师，因此，其设计语言具有的饱满体积感和具有张力的雕塑感使他的作品带有一种不可模仿的个人风格特质，如图 2-42 所示。

图2-42　教堂雕刻——佛罗伦萨圣罗伦佐教堂图书馆阶梯

法国的枫丹白露宫是法国文艺复兴的代表建筑。整个宫殿内部经过全面的装饰后，成为法国宫廷中最著名的离宫，如图 2-43、图 2-44 所示。

图2-43　枫丹白露宫

图2-44 枫丹白露宫内部

2.10 巴洛克风格的室内装饰

16 世纪下半叶，文艺复兴运动开始从繁荣趋向衰退，建筑及其室内装饰进入了一个相对混乱与复杂的时期，设计风格流派纷呈。产生于意大利的巴洛克风格，以热情奔放、追求动态、装饰华丽的特点逐渐赢得当时的天主教会及各国宫廷贵族的喜好，进而迅速风靡欧洲，并影响其他设计流派，使 17 世纪的欧洲具有“巴洛克时代”之称。

巴洛克这个名称，历来有多种解释，但通常公认的意思是畸形的珍珠，是 18 世纪以来对巴洛克艺术怀有偏见的人用作讥讽的称呼，带有一定的贬义，有奇特、古怪的含意。

【知识拓展】

巴洛克风格 (Baroque style)，“巴洛克”是一种风格术语，是指自 17 世纪初直至 18 世纪上半叶流行于欧洲的主要艺术风格。该词来源于葡萄牙语 Barroco，意思是一种不规则的珍珠。文艺复兴时期的人文主义作家用这个词来批评那些不按古典规范制作的艺术作品。巴洛克风格虽然继承了文艺复兴时期确立起来的错觉主义再现传统，但却抛弃了单纯、和谐、稳重的古典风范，追求一种繁复夸饰、富丽堂皇、气势宏大、富于动感的艺术境界。巴洛克风格在绘画方面的最大代表是佛兰德斯画家鲁本斯，在建筑与雕刻方面的主要代表是意大利的贝尼尼。

巴洛克的设计风格抛弃了文艺复兴时期种种清规戒律，追求自由奔放、充满世俗情感的欢快格调。欧洲各国巴洛克室内装饰风格的一些共同特点：首先，在造型上以椭圆形、曲线与曲面等极为生动的形式突破了古典及文艺复兴的端庄严谨、和谐宁静的规则，着重强调变化和动感；其次，打破了建筑空间与雕刻和绘画的界限，使它们互相渗透，强调艺术形式的多方面综合，室内各部分的构件如天顶、柱子、墙壁、壁龛、门窗等被综合成为一个集绘画、雕塑和建筑的有机体，主要体现在天顶画的艺术成就；最后，在色彩上追求华贵富丽，多采用红、黄等纯色，并大量饰以金银箔进行装饰，甚至也选用了一些宝石、青铜、纯金等贵重材料以表现奢华的风格。此外，巴洛克的室内设计还具有平面布局开放多变、空间追求复杂与丰富的效果，装饰处理强调层次和深度，如图 2-45 所示。

巴洛克设计风格最先在意大利的罗马出现，耶稣会教堂被认为是第一个巴洛克建筑，如图 2-46 所示。

图2-45　盖斯教堂天顶画

图2-46　耶稣会教堂

法国的凡尔赛宫是欧洲最宏大辉煌的宫殿。它位于巴黎的近郊，整个王宫布局十分复杂而庞大。王宫内部有一系列大厅，如马尔斯厅、镜厅、阿波罗厅等。王宫建筑的外部是明显的古典风格，内部则是典型的巴洛克风格，装饰异常豪华，彩色大理石装饰随处可见，壁画雕刻充满各个房间，枝形灯、吊灯比比皆是。其中最豪华的是镜厅，它是凡尔赛宫最主要的大厅，凡重大仪式皆在此举行，许多国际条约也在此签署。其他诸如征战厅、和平厅、礼拜厅以及国王厅等，室内装饰设计也十分瑰丽豪华，如图 2-47、图 2-48 所示。

奥地利麦尔克修道院则以雄伟壮观的设计充分体现了巴洛克风格。修道院高踞于多瑙河畔高高的岩石上，内部空间尤为优雅富丽，设计师打破了传统的束缚，用生动多变的手法和令人惊奇的装饰创造了一个充满世俗情感、欢快奇异的宗教环境。

图2-47　凡尔赛宫

图2-48　镜厅

2.11　洛可可风格的室内装饰

法国从 18 世纪初期逐步取代意大利的地位再次成为欧洲文化艺术中心，主要标志就是洛可可建筑风格的出现。洛可可风格是在巴洛克风格的基础上发展起来的一种纯装饰性的风格，而且主要表现在室内装饰上。它发源于路易十四晚期，流行于路易十五时期，因此也常常被称作“路易十五”式。“洛可可”一词来源于法语，是岩石和贝壳的意思。洛可可也同“哥特式”“巴洛克”一样，是 18 世纪后期用来讥讽某种反古典主义的艺术的称谓，直到 19 世纪才同“哥特式”和“巴洛克”一样被同等看待，而不再有贬义。

17 世纪末 18 世纪初，法国的专制政体出现危机，对外作战失利，经济面临破产，社会动荡不安，王室贵族们便产生了一种及时享乐的思想，尤其是路易十五上台后，更是过着奢

侈荒淫的生活，他要求艺术为他服务，成为供他享乐的消遣品。他们需要的是更妩媚、更柔软细腻，而且更琐碎纤巧的风格，以此来寻求表面的感观刺激，因此在这样一个极度奢侈和趣味腐化的环境中产生了洛可可风格。

【知识拓展】

“洛可可”一词源自法语罗卡那，洛可可风格的造型均呈C形和S形涡旋线，一般均以不对称代替对称，色彩明快柔淡，象牙白和金色是其流行色。洛可可风格也称“路易十五”式，是指法国国王路易十五统治时期所流行的建筑风格。但是之所以从路易十五时期说起，主要是因为相对于路易十四和路易十六而言，路易十四时期的巴洛克风格更多地带有男人的阳刚之气，洛可可风格则更多地带有女性的柔美、婀娜与秀气。

洛可可艺术的成就主要表现在室内设计与装饰上，它具有鲜明的反古典主义的特点，追求华丽、轻盈、精致、繁复的艺术风格。其具体的装饰特点有以下几方面。

1．在室内排斥一切建筑母题

过去用壁柱的地方改用镶板或镜子。凹圆线脚和柔软的涡卷代替了檐口和小山花，圆雕和高浮雕换成了色彩艳丽的小幅绘画和薄浮雕，并且浮雕的轮廓融进衬底的平面之中，线脚和雕饰都是细细的、薄薄的。总之，装饰呈平面化而缺乏立体性。

2．装饰题材趋向自然主义

最常用的是千变万化的舒卷、纠缠着的草叶，此外还有贝壳、棕榈等。为了模仿自然形态，室内部件往往做成不对称形状，变化万千，但有时也流于矫揉造作。

3．惯用娇艳的颜色

常选用嫩绿、粉红、玫瑰红等，线脚多为金色，顶棚往往画着蓝天白云的天顶画。

4．喜爱闪烁的光泽

墙上大量地镶嵌镜子，悬挂晶体玻璃的吊灯，多陈设瓷器，壁炉用磨光的大理石，特别喜爱在镜前安装烛台，造成摇曳不定的迷离效果。

巴黎的苏比兹公馆椭圆形客厅是洛可可早期的代表性作品。这是一座上下两层的椭圆形客厅，尤其以上层的客厅格外引人注目。整个椭圆形房间的壁面被八个高大的拱门所划分，其中四个是窗，一个是入口，另外三个拱也相应做成镜子装饰。顶棚与墙体没有明显的界线，而是以弧形的三角状拱腹来装饰，里面是绘有寓言故事的人体画，画面上缘横向展开并连接成波浪形，再向上是由金色的草茎蜗纹线装饰，并与正在嬉戏的裸体儿童的高浮雕和天花板的穹顶自然地连接起来。整个客厅都被柔和的圆形曲线主宰着，使人忘记了室内界面的分界线，线条、色彩和空间结构浑然一体，如图2-49所示。

图2-49　苏比兹公馆公主大厅

洛可可设计风格在一定程度上反映了没落贵族的审美趣味和及时行乐的思想，表现出的是一种快乐的轻浮。因此，总体上来说格调是不高的，但是洛可可的装饰风格影响也是相当久远的。

洛可可时期的家具及室内陈设在 18 世纪的艺术中也格外引人注目，家具以回旋曲折的贝壳曲线和精细纤巧的雕饰为主要特征。壁毯和绢织品主要用作上流社会室内的壁饰和椅子靠背面以及扶手装饰，为室内空间增加了典雅和柔美的气氛。此外，一些烛台等金属工艺品也都反映出优美自然的洛可可趣味。

【小贴士】

洛可可风格纤弱娇媚、华丽精巧、甜腻温柔、纷繁琐细，而室内应用明快的色彩和纤巧的装饰，不像巴洛克风格那样色彩强烈，装饰浓艳，习惯用嫩绿、粉红、玫瑰红等鲜艳的浅色调，线脚大多用金色，细腻柔媚，常常采用不对称手法，用弧线和S形线来勾勒，其中尤其用贝壳、漩涡、山石作为装饰题材，卷草舒花，缠绵盘曲，连成一体。天花和墙面有时以弧面相连，而且在转角处布置壁画，让整个屋子典雅、亲切。为了模仿自然形态，室内建筑部件也往往做成不对称形状，变化万千，但有时流于矫揉造作。室内护壁板有时用木板，有时做成精致的框格，框内四周有一圈花边，中间常衬以浅色东方织锦。整个房屋是一种漫不经心的配置，而其雅致浪漫的风格却体现得无比成功。

2.12　新古典主义风格的室内装饰

18 世纪中叶，以法国为中心掀起的启蒙运动的文化艺术思潮，也带来了建筑领域的思想解放。同时欧洲大部分国家对巴洛克、洛可可风格过于情绪化的倾向感到厌倦，加上考古界在意大利、希腊和西亚等处古典遗址的发现，促进了人们对古典文化的推崇。因此，首先在法国再度兴起以复兴古典文化为宗旨的新古典主义。当然，复兴古典文化主要是针对衰落的巴洛克和洛可可风格，复古是为了开今，通过对古典形式的运用和创造，体现了重新建立理性和秩序的意愿。为此，这一风格广为流行，直至 19 世纪上半叶。

在建筑及室内装饰设计上，新古典主义虽然以古典美为典范，但重视现实生活，认为单纯、简单的形式是最高理想。强调在新的理性原则和逻辑规律中，解放性灵，释放感情，具体在室内设计上有这样一些特点：首先是寻求功能性，力求厅室布置合理；其次是几何造型再次成为主要形式，提倡自然的简洁和理性的规则，比例匀称，形式简洁而新颖；最后是古典柱式的重新采用，广泛地运用多立克、爱奥尼、科林斯柱式，复合式柱式被取消，设在柱础上的简单柱式或壁柱式代替了高位柱式。

新古典主义在英国成熟得比较早，圣保罗大教堂是英国国家教会的中心教堂，虽然在平面上还是传统的罗马十字形布局，但在空间形象塑造上却洗练脱俗、耐人寻味。首先，前后两个巴西利卡大厅的顶棚分别是三个小穹顶，既简洁又形成了很强的秩序感，而且又与中央穹顶相呼应，从而取得了既统一又有变化的和谐效果。另外，设计上综合了某些巴洛克风格奔放华丽的因素，装饰构件的形体明确、肯定而考究，有较强的雕塑感，不像洛可可风格那样形体界线混浊模糊，整个空间洋溢着理性的激情，同时也充分地体现了严格、纯净的古典精神，如图 2-50 所示。

图2-50　圣保罗大教堂

【小贴士】

新古典的主要特点是“形散神聚”，用现代的手法和材质还原古典气质，具备了古典与现代的双重审美效果，完美的结合也让人们在享受物质文明的同时得到了精神上的慰藉。

2.13 浪漫主义和折中主义风格的室内装饰

在西欧艺术发展中，1789年的法国大革命是一个转折点，从此人们对艺术乃至生活总的看法经历了一场深刻的“革命”。由于这场社会变革而出现了一种思想：即关于艺术家个人的创造性，及其作品的独特性。这也表明艺术的新时期已经到来。因此代表着进步的、推动历史前进的浪漫主义和折中主义便应运而生了。

2.13.1 浪漫主义

18世纪下半叶，英国首先出现了浪漫主义建筑思潮，它主张发扬个性，提倡自然主义，反对僵化的古典主义，具体表现为追求中世纪的艺术形式和趣味非凡的异国情调。由于它更多地以哥特式建筑形象出现，又被称为“哥特复兴”。

英国议会大厦即威斯敏斯特宫，一般被认为是浪漫主义风格盛期的标志。英国议会大厦建筑按功能布置，条理分明、构思浑朴，被誉为具有古典主义内涵和哥特式的外衣。其内部设计更多地流露出玲珑精致的哥特风格，如图2-51、图2-52所示。

图2-51 威斯敏斯特宫

图2-52　威斯敏斯特宫内部

【知识拓展】

18世纪60年代至19世纪30年代，是浪漫主义建筑发展的第一阶段，又称为先浪漫主义。出现了中世纪城堡式的府邸，甚至东方式的建筑小品。19世纪30年代到70年代是浪漫主义建筑的第二阶段，它已发展成为一种建筑创作潮流。由于追求中世纪的哥特式建筑风格，又称为哥特复兴建筑。

19世纪初，一些浪漫主义建筑运用了新的材料和技术，这种科技上的进步，对以后的现代风格产生了很大的影响。最著名的例子是巴黎国立图书馆。该图书馆采用新型的钢铁结构，在大厅的顶部由铁骨架帆拱式的穹隆构成，下面以铁柱支承。铁制结构减少了支承物的体积，使内部空间变得宽敞和通透，结构也显得灵巧轻盈。圆的穹顶和弧形拱门起伏而有节奏，给人以强烈的空间感受。同时，为了保留对传统风格的延续，在适当的部位做了古典元素的处理，如图2-53所示。

图2-53　巴黎国立图书馆

2.13.2　折中主义

折中主义从19世纪上半叶兴起，流行于整个19世纪并延续到20世纪初。其主要特点是追求形式美，讲究比例，注意形体的推敲，没有严格的固定程式，随意模仿历史上的各种风格，或对

各种风格进行自由组合。由于时代的进步，折中主义反映的是创新的愿望，促进新观念、新形式的形成，极大地丰富了建筑文化的面貌。

折中主义以法国为典型，这一时期重要的代表作品是巴黎歌剧院，一个马蹄形多层包厢剧院，剧院共有 2200 个座位，整个观众厅富丽堂皇，到处是巴洛克雕塑、绘画和装饰，顶棚是顶皇冠。观众厅的外侧也是一个马蹄形休息廊。剧院内平面功能、视听效果、舞台设计都处理得十分合理、完善，反映了 19 世纪成熟的设计水平。剧院的楼梯厅是由白色大理石制成的，构图非常饱满，是整个空间艺术处理的中心，也是交通的枢纽，在装饰上也是花团锦簇、珠光宝气、富丽堂皇，如图 2-54 所示。

图2-54 巴黎歌剧院

【小贴士】

折中主义建筑的代表作有：巴黎歌剧院 (1861—1874)，它是法兰西第二帝国的重要纪念物，剧院立面仿意大利晚期巴洛克建筑风格，并掺进了烦琐的雕饰，它对欧洲各国的建筑有很大的影响；罗马的伊曼纽尔二世纪念建筑 (1885—1911)，是为纪念意大利重新统一而建造的，它采用了罗马的科林斯柱廊和希腊古典晚期的祭坛形制；巴黎的圣心教堂 (1875—1877)，它的高耸的穹顶和厚实的墙身呈现拜占庭建筑的风格，兼取罗曼建筑的表现手法；芝加哥的哥伦比亚博览会建筑 (1893)，则是模仿意大利文艺复兴时期威尼斯建筑的风格。

2.14　中国古代的室内装饰

中国的历史源远流长，在辽阔的疆土上居住的人民创造了光辉灿烂的文化，对人类的发展做出了重要贡献。同西方建筑、伊斯兰建筑一起被称为世界三大建筑体系的中国建筑，不同于其他建筑体系，不是以砖石结构为主，而是以独特的木构架体系著称于世，同时也创造了与这种木构架结构相适应的外观与室内布局方式。

【知识拓展】

中国的室内设计是在原始社会萌芽的，这一萌芽不是以突变的方式进行的，而是有一个无意识到有意识的过程，由自发性的室内布置演化到了自主性的室内设计，并形成了整个室内设计的雏形，这是原始社会室内设计最重要的成就。这一成就，直接为后来中国古典建筑室内的繁荣打下了基础。

2.14.1　上古至秦汉时期

上古至秦汉时期是中国建筑逐步形成和发展的阶段。从远古的穴居、巢居开始，人们就开始有目的地营造自己的生存空间，直至公元前 21 世纪出现了中国历史上第一个朝代——夏代开始，又经过商、周、春秋、战国至秦汉，中国古代建筑作为一个独特的体系，已基本形成。

根据墓葬出土的画像石、画像砖，汉代的住宅已比较成熟和完善。一般规模较小的住宅，平面为方形或长方形，屋门开在当中或偏在一旁。有的住宅规模稍大，有三合式与日字形平面的住宅，布局常常是前堂后寝，左右对称，主房高大。贵族居住的住宅更大，合院内以前堂为主，堂后以墙、门分隔内外，门内有居住的房屋，但也有在前堂之后再建饮食歌乐的后堂。从这里可以看出，中国住宅的合院布局已经形成，主次分明、位序井然，充分地反映出中国家庭中上下尊卑的思想观念，如图 2-55 所示。

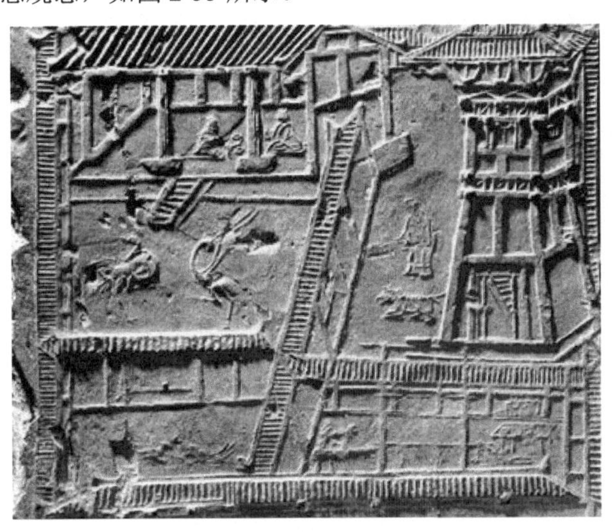

图2-55　出土画像砖

02

住宅内部中的陈设也是随着建筑的发展以及起居习惯的演化而变化的。由于跪坐是当时主要的起居方式，因而席和床榻是当时室内的主要家具陈设，尤其是汉代的床用途最广泛，人们在床上睡眠、用餐、会客。汉朝的门、窗常常置帘与帷幕，地位较高的人或长者往往也在床上加帐幔，逐渐成为必需的设施，夏天可避蚊虫，冬天又避风寒，同时也起到装饰居室的作用。

2.14.2 三国、两晋、南北朝和隋唐时期

从东汉末年到三国鼎立，再到两晋和南北朝近300年的对峙，一直到公元581年隋文帝统一中国，这段时期中国长期处于分裂的状态，是最不稳定的一个阶段，直至唐朝才成为一个长治久安的国家。这个时期的建筑，在继承秦汉以来成就的基础上，吸收融合外来文化的影响，逐渐形成了一个成熟完整的建筑体系。

这一时期，宫殿、住宅继续高度发展。宫殿建筑由于年代久远没有遗存，而室内情况因为留传下来的绘画、墓葬明器以及文字资料相对更丰富，对住宅建筑的变迁上反映得更充分一些。这一时期的住宅，总体上还是继续传统的院落式木构建筑形式。到隋唐时期，住宅有明文规定的宅第制度，贵族的宅院在两座主要房屋之间用具有直棂窗的回廊连接为四合院，布局的方法多是有明显的轴线和左右对称。从三国到隋代，朝代不断更迭，无疑也促进了民族大融合，室内装饰与陈设也发生了很多变化。席地而坐的习惯虽未完全改变，但传统家具有了不少新发展，如床已增高，人们既可以坐在床上，又可以垂足坐在床沿。东汉末年西北民族进入中原以后，逐渐传入了各种形式的高坐具，如椅子、圆凳等，尤其是进入隋唐时期，上层贵族逐渐形成垂足而坐的习惯，长凳、扶手椅、靠背椅以及与椅凳相适应的长桌、方桌也陆续出现了，直至唐末后期的各种家具类型已基本齐备。家具的式样简明、朴素大方，线条也柔和流畅。室内的屏风一般附有木座，通常置于室内后部的中央，成为人们起居活动和家具布置的背景，进而使室内空间处理和各种装饰开始发生变化，与早年席地而坐的方式已迥然不同了。

自汉代开始传入佛教以来，佛教建筑也逐渐成为一个主要的建筑类型。到了隋唐时期，佛寺遍布全国各地，但大多都已被毁坏，流传下来的唐代佛寺殿堂较为完整的只有两处，即山西五台山的南禅寺正殿和佛光寺正殿。这两座大殿的内部空间设计同外观形象一样，其风格虽有汉代的痕迹，但却透出了一种圆熟的古朴和凝重，而不是单纯的粗放，既富有大气又不乏细腻，如图2-56、图2-57所示。

图2-56 南禅寺正殿

图2-57　佛光寺正殿

【知识拓展】

三国、两晋、南北朝和隋唐时期，单体建筑仍以木结构为主，建筑物大体以台基、梁架、屋身和屋顶四部分组成，恰当地处理各部分的比例关系和外形轮廓，以及运用不同的材料、色彩、装饰物，可以形成不同的艺术效果，外观上有着醒目的屋顶是古代中国建筑独特的传统。南北朝时屋顶举折平缓，正脊与鸱尾衔接成柔和的曲线，出檐深远，因而给人以既庄重又柔丽的浑然一体的印象。此时已出现少量的琉璃瓦，一般只用于个别重要的宫室屋顶作剪边处理，色彩则以绿色为主；檐口以下的部分，则以柱身和承托梁架及屋檐的斗拱组成，色彩、装饰方面，一般建筑物是“朱柱素壁”的朴素风格，而重要建筑物则画有彩绘，并且常常绘有壁画。

2.14.3　宋、辽、金元和明清时期

唐朝之后又经过五代十国战乱，中国进入了北宋与辽，南宋与金、元对峙的时期，接着于 1368 年建立了明朝。后来满族贵族夺取了政权，于 1661 年灭了明朝统一了中国。从北宋开始，中国建筑进入又一个新的发展阶段，取得了不少成就。明清时期又在传统建筑的基础上不断地进行丰富和发展，成为中国古代建筑史上的最后一个高峰。

进入宋朝以后，除佛寺外，祠庙也是宗教建筑的一个主要类型。祠庙是古代宗族祭祀祖先的地方，有宗祠、家祠、先贤祠等。被视为宋式建筑代表作的山西太原晋祠，就是现存规模最大的一座。晋祠的主殿圣母殿建成于 1032 年，位于晋祠中轴线上，坐西朝东，殿面阔七间，进深六间，平面近方形，殿内梁架用减柱做法，所以内部空间宽敞，如图 2-58 所示。

图2-58 太原晋祠圣母殿

明清时期，中国古代建筑的木构架体系更加成熟和完善，但也趋向程式化和装饰化，北京故宫也称紫禁城，是现存规模最大、保存最完好的古建筑群。故宫的室内装修与设计也是其他任何朝代都无法比拟的，太和殿的内部装修就是其中最辉煌的，明清两代皇帝即位、大婚、朝会、命将出征等的仪式都是在这里举行的。殿内设七层台阶的御座，环以白石栏杆，上置皇帝雕龙金漆宝座，宝座后为七扇金屏风，左右有宝像、仙鹤。殿中矗立 6 根蟠龙金漆柱，殿顶正中下悬金漆蟠龙吊珠藻井。整个大殿装修得金碧辉煌，同时又不失庄重严肃，给人一种很强的威慑力。内廷中的乾清宫是皇帝的寝宫，也是清朝皇帝举行内廷典礼、召见官员、接见外国使臣的地方，其内部布置接近太和殿，正前方也是一个雕龙宝座，后设五扇龙饰屏风，左右安置香炉、香筒、仙鹤等陈设。屏风上置"正大光明"匾额，是大殿中最引人注目的焦点，如图 2-59、图 2-60 所示。

图2-59 紫禁城太和殿

宋朝的住宅，一般外建门屋，内部仍采取四合院形式。贵族的住宅继续沿用汉以来前堂后寝的传统原则，但在接待宾客和日常起居的厅堂与后部卧室之间，用穿廊连成丁字形、工字形或王字形。至明清时期，这种四合院组合形式更加成熟稳定，成为中国古建筑的基本形式，也是住宅的主要形式。北方住宅以北京的四合院为代表，它的内外设计更符合中国古代社会家族制的伦理需要。四合院内部根据空间划分的需要，用各种形式的罩、隔栅、博古架进行界定和装饰。山东的曲阜孔府是北方现存最完整的一座大型府邸，其室内装饰与布置充分反映出明清时期较成熟的住宅府邸基本形式，如图 2-61 所示。

图2-60　紫禁城乾清宫

图2-61　孔府前上房内景

南方的住宅也有许多合院式的住宅，最常见的就是“天井院”。它是一种露天的院落，只是面积较小，其基本单元是以横长方形天井为核心，三面或四面围以楼房。正房朝向天井并且完全敞开，以便采光与通风，各个房间都向天井院中排水，称为“四水归堂”。正房一般为三开间，一层的中央开间称为堂屋，也是家人聚会、待客、祭神拜祖的地方。堂屋后壁称为太师壁，太师壁上往往悬挂植物山水书画，太师壁两侧的门可通至后堂。太师壁前置放一张几案，上边常常供奉祖先牌位、烛台及香炉等，也摆设花瓶和镜子，以取“平平静静”的寓意。几案前放一张八仙桌和左右两把太师椅，堂屋两侧沿墙也各放一对太师椅和茶几。堂屋两边为主人的卧室。安徽黟县宏村月塘民居内部设计就是其中典型的一例，如图2-62所示。

图2-62　宏村民居

到了宋朝，终于完全改变了商周以来的跪坐习惯及其有关家具。桌椅等家具在民间已十分普遍，同时还衍化出诸如圆形或方形的高几、琴桌、小炕桌等新品种。随着起坐方式的改变，家具的尺度也相应地增高了。至明清时期家具已相当成熟，品种类型也相当齐全，而且选材合理，既发挥了材料的性能，又充分利用材料本身的色泽与纹理，达到结构和造型的统一。

另外室内设计发展到明清的时候，出现了很多灵活多变的陈设，诸如书画、挂屏、文玩、器皿、盆景、陶瓷、楹联、灯烛、帐幔等，都成为中国传统室内设计中不可分割的组成部分。自明清以来，室内的木装修同外檐装修一样成为建筑内外装饰设计的一个重要特征。室内装修的内容和形式都十分丰富，室内的隔断，除板壁之外，还采用落地罩、花罩、栏杆罩以及博古架、书架、帷幔等不同的方式进行空间划分。室内装修的材料，多采用紫檀、花梨、楠木制作，结构均为榫卯结构，造型洗练，工艺精致。室内的木装修已成为中国传统室内设计的主要内容。

学习室内装饰设计，首先应对室内装饰设计的发展历史有基本的了解，本章从历史的角度分析了室内装饰设计的演变过程，对各阶段、各地域的室内装饰设计的发展史进行了介绍，同学们可以通过对本章的学习加深对室内装饰设计发展状况的了解，为今后从事室内装饰设计工作打下坚实的理论基础。

1. 室内装饰风格有哪些？

2．哥特式的室内装饰特点有哪些？

3．巴洛克室内装饰风格的特点有哪些？

实训课堂

实训课题：用典型的实例说明洛可可风格的特点。

要求：选择实例必须典型且符合洛可可风格，分析说明要求实事求是、理论联系实际，配图清晰得当，字数不少于1500字。

第3章

室内设计的风格

学习要点及目标

☆掌握室内设计的各类风格。

☆了解现阶段较为流行的设计风格。

核心概念

传统风格　　自然风格　　地中海

本章导读

上海“九间堂别墅区”

上海“九间堂别墅区”位于浦东新区世纪公园东侧，邻近张家浜河。九间堂别墅区占地10.8公顷，全区布局考究，以南方水景融入北方合院为特色，规划河道迂回穿流于别墅群之间，顺势区隔各处院落，蜿蜒的水道周边布局浓绿林荫，构筑景随步移的园林韵律。别墅被宛若江南水榭的诗意环境所怀抱，建筑形式沿袭往昔官家大宅的三进式布局，内部构成院落、庭园相互重叠环套的空间型态。2008年8月竣工完成的C4样板房由台湾建筑师李玮珉设计，他以人文色彩来涤清烦琐脉络，从考究精致生活的角度塑造当代园林大宅的生活样貌，如图3-1、图3-2所示。

图3-1　C4样板房(1)

图3-2　C4样板房(2)

C4样板房的别墅与以往九间堂的别墅最大的不同之处在于，它位于别墅群的边角地带，形状是不规则的。所以在这个位置上进行规划设计是很棘手的，怎样处理主体建筑与院落的位置关系和空间关系就变得尤为重要。“虚实相生，有无相成”是对中国传统建筑空间特征的最好的概括。院落是中国建筑中建筑实体与室外空间共生的基本单元，无论是宫廷建筑的“深宫内院”、寺庙建筑的“禅院钟声”，还是住宅建筑中的“庭院深深”，都体现了“院落”这个建筑与自然共生的基本单元的存在。

C4样板房的设计同样采用合院的形式，主体建筑安放在中间，这样就形成了围绕主体建筑的若干个小庭院。在庭院中的半开敞空间到檐下过渡空间、到建筑实体，再到室内空间，形成一个序列，曲折迂回，不断收放变化，形成了丰富的空间层次感。

室内以环扣相连的空间配置，化解原本格局松散的境况。长型的客厅区鼎立六座结构柱，因腹地过于深长，造成布局零落、人群围聚不易的情形。在厅区前端设置一座墙屏界定内玄关范畴，顺势将厅区位置往后推移，勾勒出一座方整的厅堂。动线从桥梁迎入内玄关，再绕过墙屏进入挑高6米的厅堂，厅堂两侧的落地玻璃窗外由水池、合院相簇拥，形成一座优雅明净的玻璃屋。

用钢骨结构和混凝土框架结构代替木结构，而木材的使用借助其本身的纹理和质感来凸显工业现代感的简约，用大面积连续的玻璃幕墙对木排门、木连门、折叠屏风等进行替换和更新，创造出一种极具现代感的生活空间来。在设计细节上，如在空间的契合性、线条的连续性、空间的转折、空间中灯光的运用，甚至是房间中面与面的呼应、家具风格及颜色的选取等都被精心考虑，使其符合现代人的生活习惯。如把车库设计在厨房的旁边，并有门直通厨房，进入主生活空间，这也是对国外住宅设计的一种借鉴。

【案例分析】

对中国传统建筑文化的回归是设计的主旨，但是若设计出的空间刻意模仿、照搬中国传统文化及其元素，那就并非是中国的现代设计。在塑造出一个真正属于中国文化、真正具有中国情境的空间的同时，也要体现出现代人的生活观和生活方式。

本案例空间沿袭往昔官邸讲究的错综动线，纵横皆为三进式动线，中间正堂为主体、左右两侧设置偏堂、布局院落。设计师对中国传统建筑文化表现了最直接的继承。大面积的玻璃长窗和玻璃门，更增加了空间的通透感，站在庭院里可以看见深远的室内空间，同样，坐在房间里惬意休息的时候，又可以欣赏窗外四季变幻的风景。

站在小径上向东望，可以看到一楼的客厅及更深层次的东部小庭院；向西望，几畦修竹，几株老树，夹角的空间也可以意趣盎然，无限丰富；向北望，穿过一楼玄关可见北部小庭院的草木山石，仿佛是一幅充满意境的持久隽永的画卷。其中自由漫步，步移景异之间，生出小小的壶中也自有一番天地来的感受。一个有了庭院文化的梦想，便有了审视千年的想象力。李玮珉梳理古今家居住宅精华，在东方空间布局中思索定位当代机能，积淀精致居宅的文化内涵。

3.1 传统风格

传统风格的室内设计，是在室内布置、线形、色调以及家具、陈设的造型等方面，吸取传统装饰“形”“神”的特征。例如吸取我国传统木构架建筑室内的藻井天棚、挂落、雀替的构成和装饰，明清家具造型和款式特征。又如西方传统风格中仿罗马风、哥特式、文艺复兴式、巴洛克、洛可可、古典主义等，其中如仿欧洲英国维多利亚或法国路易式的室内装潢和家具款式。此外，还有日本传统风格、印度传统风格、伊斯兰传统风格、北非城堡传统风格等。传统风格常给人们以历史延续和地域文脉的感受，它使室内环境突出了民族文化渊源的形象特征。

3.1.1 中国传统风格

20 世纪末，随着中国经济的不断复苏，在建筑界涌现出了各种设计理念，随着国学的兴起，使得国人开始用中国文化的角度审视周边事物，随之而来的中国传统风格设计也被众多的设计师融入其设计理念，可以说 20 世纪初的中国建筑有了中式传统风格设计复兴的趋势。

中国传统风格的特点，是在室内布置、线型、色调以及家具、陈设的造型等方面，吸取传统装饰“形”“神”的特征，以传统文化内涵为设计元素，革除传统家具的弊端，去掉多余的雕刻，糅合现代西式家具的舒适，根据不同类型的居室，采取不同的布置。

中国传统居室崇尚庄重和优雅，非常讲究空间的层次感，多用隔窗、屏风来分割，用实木做出结实的框架，以固定支架，中间用棂子雕花，做成古朴的图案，如图 3-3 所示。

图3-3　紫禁城“倦勤斋”

【知识拓展】

中式风格是以宫廷建筑为代表的中国古典建筑的室内装饰设计艺术风格，气势恢宏、壮丽华贵，高空间、大进深，雕梁画栋、金碧辉煌，造型讲究对称，色彩讲究对比装饰材料以木材为主，图案多龙、凤、龟、狮等，精雕细琢、瑰丽奇巧。但中式风格的装修造价较高，且缺乏现代气息，只能在家居中点缀使用。

门窗对确定中式风格很重要，一般采用棂子做成方格或其他中式传统图案，用实木雕刻成各式题材造型，打磨光滑，富有立体感。

【知识拓展】

图案装饰是传统门窗艺术的核心。它们题材丰富，文化寓意浓厚，具有极高的艺术价值,其制作工艺有木雕、砖雕和石雕。装饰图案的类型主要包括几何形、人物、动物、植物、文字、器物、山水等，结构上主要有单独纹样、二方连续纹样、四方连续纹样和混合纹样等。

天花板以木条相交成方格形，上覆木板，也可做成简单的环形的灯池吊顶，用实木做框，层次清晰，漆成花梨木色，如图 3-4 所示。

图3-4　中国传统风格的天花板

家具陈设讲究对称，重视文化意蕴，配饰喜用字画、古玩、卷轴、盆景等加以点缀，空间气氛宁静雅致而简朴，体现中国传统家居文化的独特魅力，如图 3-5 所示。

图3-5　中国传统风格的家具陈设

3.1.2　欧式古典风格

作为欧洲文艺复兴时期的产物，欧式古典主义设计风格继承了巴洛克风格中豪华、动感、多变的视觉效果，也吸取了洛可可风格中唯美、律动的细节处理元素。

欧式古典风格在空间上追求连续性，追求形体的变化和层次感，室内外色彩鲜艳，光影变化丰富。室内多采用带有图案的壁纸、地毯、床罩、纱帐以及古典式装饰画或其他陈设，且多设有壁炉造型。壁炉是西方文化的典型载体，壁炉成为装饰部件后，壁炉门是曲线形的，门柱种类多样，壁炉上部镜框轮廓也是不规则的，其中必有贝壳与涡卷的形象。为了体现华丽的风格，家具、门、窗多为白色。家具、画框的线条部位常饰以金线、金边。门的造型既要突出凹凸感，又要有优美的弧线，两种造型相映成趣，风情万种。欧式古典风格是一种追求华丽、高雅的欧洲古典主义，典雅中透着高贵、深沉里显露豪华，具有很强的文化和历史内涵，如图 3-6 所示。

图3-6　壁炉造型

【小贴士】

欧式古典风格的装饰元素线条复杂，讲究装饰，重视雕工，偏好鲜艳色系，如金色、米黄、白色及原木色等花纹图案是其主色。

3.1.3　日式风格

日式风格讲究空间的流动与分隔，流动为一室，分隔则分成几个功能空间，日式设计的风格空间中总能让人静静地思考，禅意无穷。

日式风格即采用木质结构，不尚装饰，简约简洁的一种设计风格。其空间意识极强，形成“小、精、巧”的模式，利用檐、龛空间，创造特定的幽柔润泽的光影。明晰的线条，纯净的壁画，卷轴字画，极富文化内涵，室内宫灯悬挂，伞作造景，格调简朴高雅。日式风格的另一特点是屋、院通透，人与自然统一，注重利用回廊、挑檐，使得回廊空间敞亮、自由。日式风格追求的是一种休闲、随意的生活意境。空间造型极为简洁，在设计上采用清晰的线条，而且在空间划分上摒弃曲线，具有较强的几何感。日式风格最大的特征是多功能性，如白天放置书桌就成为客厅，放上茶具就成为茶室，晚上铺上寝具就成为卧室。

低姿、简洁、工整、自然是日式风格独特的装饰要素，传统的日式家居将自然界的材质大量地运用于居室的装修、装饰中，不推崇豪华奢侈、金碧辉煌，以淡雅节制、深邃禅意为境界，重视实际功能。

低姿：在客厅一角隔出一间和室，形成一个精彩的画面。需要作为卧室的时候，只须将隔扇门拉上，即可成为一个独立的空间。和室的门窗大多简洁透光，家具低矮且不多，给人以宽敞明亮的感觉，因此，和室也是扩大居室视野的常用方法，如图 3-7 所示。

简洁：日式家居中强调的是自然色彩的沉静和造型线条的简洁。另外受佛教影响，居室布置也讲究一种“禅意”，强调空间中自然与人的和谐，人置身其中，体会到一种“淡淡的喜悦”，如图 3-8 所示。

图3-7　低姿

图3-8　简洁

工整：日本人对家居用品的陈设极为讲究，一切都清清爽爽地摆在那里，这似乎带有那么一种刻意的味道，但你不得不承认，这种刻意的创造把它们文化中美的一面发挥到了极致，如图 3-9 所示。

图3-9　工整

自然：在日式风格中，庭院有着极高的地位，室内与室外互相映衬已成定理。还有插花，更是要不失时机地摆放在家中每一个角落。这就不难理解，为什么即使是茶杯的摆放或一个浴室角落，也要与插花搭配了，色彩、造型的呼应功不可没，如图 3-10 所示。

图3-10 自然

【知识拓展】

日式风格在创造空间时，对表层选材的处理十分重视，往往强调素材的肌理，暗示功能性来突破框框，大胆地原封不动地表露水泥表面、木材质地，以及铝合金、钢铁等金属板格、金属复合板材、人造石、马赛克等饰面。

3.2 现代风格

现代风格起源于1919年成立的鲍豪斯学派，该学派处于当时的历史背景，强调突破旧传统，创造新建筑，重视功能和空间组织，注意发挥结构构成本身的形式美，造型简洁，反对多余的装饰，崇尚合理的构成工艺，尊重材料的性能，讲究材料自身的质地和色彩的配置效果，发展了非传统的以功能布局为依据的不对称的构图手法。现在，广义的现代风格也可泛指造型简洁新颖，具有当今时代感的建筑形象和室内环境。

【知识拓展】

现代简约风格是所有家装风格中最不拘一格的一个，一些线条简单，设计独特甚至是极富创意和个性的饰品都可以成为现代简约风格家装中的一员。

现代风格追求空间的实用性和灵活性，居室空间是根据相互间的功能关系组合而成，而且功能空间互相渗透，空间的利用率达到最高。空间组织不再以房间组合为主，空间的划分也不再局限于硬质墙体，而是更加注重会客、餐饮、学习、睡眠功能空间的逻辑关系。通过家具、吊顶、地面材料、陈设甚至光线的变化来表达不同功能空间的划分，而且这种划分又随着不同的时间段表现出灵活性、兼容性和流动性。

现代风格的色彩经常以棕色系列或灰色系列等中间色为基调色。其中白色最能表现现代风格的简洁，另外黑色、银色、灰色亦能展现现代风格的明快与冷调。现代风格的另一项用色特征，就是使用非常强烈的对比色彩效果，创造出特立独行的个人风格。

【案例3-1】

台湾现代简约风格公寓设计欣赏

现代简约风格装饰由曲线和非对称线条构成，如花梗、花蕾、葡萄藤、昆虫翅膀以及自然界各种优美、波状的形体图案等，体现在墙面、栏杆、窗棂和家具等装饰上。线条有的柔美雅致，有的遒劲而富于节奏感，整个立体形式都与有条不紊的、有节奏的曲线融为一体。大量使用铁制构件，将玻璃、瓷砖等新工艺，以及铁艺制品、陶艺制品等综合运用于室内。注意室内外沟通，竭力给室内装饰艺术引入新意。

本案例中的公寓是一间位于中国台湾的多层次的现代公寓，由中国台湾本土设计师 WCH Studio 设计完成，如图 3-11、图 3-12 所示。

图3-11　客厅

图3-12　卧室

此公寓整体上装饰得中性而优雅，以浅灰色为基调色，比如木地板、地毯、壁纸以及主要家具等都是浅灰色调。房间采用了多层次布局，通过一部楼梯连接，悬浮式储物架设计得很有特色，配合柔和的灯光，室内环境显得非常温馨。

【案例分析】

简约并不是缺乏设计要素，它是一种更高层次的创作境界。在室内设计方面，不是要放弃原有建筑空间的规矩和朴实，去对建筑载体进行任意装饰，而是在设计上更加强调功能，强调结构和形式的完整，更追求材料、技术、空间的表现深度与精确。用简约的手法进行室内创造，需要设计师具有较高的设计素养与实践经验，需要设计师深入生活、反复思考、仔细推敲、精心提炼，运用最少的设计语言，表达出最深的设计内涵。删繁就简，去伪存真，以色彩的高度凝练和造型的极度简洁，在满足功能需要的前提下，将空间、人及物进行合理精致的组合，用最洗练的笔触，描绘出最丰富动人的空间效果。这是设计艺术的最高境界。

（摘自：设计之家网站，作者改编）

3.3　后现代风格

后现代主义一词最早出现在西班牙作家德•奥尼斯 1934 年的《西班牙与西班牙语类诗选》一书中，用来描述现代主义内部发生的逆动，特别有一种现代主义纯理性的逆反心理，即为后现代风格。20 世纪 50 年代美国在所谓现代主义衰落的情况下，也逐渐形成后现代主义的文化思潮。受 20 世纪 60 年代兴起的大众艺术的影响，后现代风格是对现代风格中纯理性主义倾向的批判，后现代风格强调建筑及室内装饰应具有历史的延续性，但又不拘泥于传统的逻辑思维方式，探索创新造型手法，讲究人情味儿，常在室内设置夸张、变形的柱式和断裂的拱券，或把古典构件的抽象形式以新的手法组合在一起，即采用非传统的混合、叠加、错位、裂变等手法和象征、隐喻等手段，以期创造一种融感性与理性、集传统与现代、糅大众与行家于一体的建筑形象与室内环境。

如今，后现代风格是比较流行的一种风格，追求时尚与潮流，非常注重居室空间的布局与使用功能的完美结合。由曲线和非对称线条构成墙面、栏杆、窗棂和家具等装饰，如花梗、花蕾、葡萄藤、昆虫翅膀以及自然界各种优美、波状的形体图案等。线条有的柔美雅致，有的遒劲而富于节奏感，整个立体形式都与有条不紊的、有节奏的曲线融为一体。同时，大量使用铁制构件，将玻璃、瓷砖等新工艺，以及铁艺制品、陶艺制品、硅藻泥环保产品等综合运用于室内。注意室内外沟通，竭力给室内装饰艺术引入新意，如图 3-13 所示。

图3-13　后现代风格装饰

3.4 自然风格

自然风格倡导“回归自然”，将现代人对阳光、空气和水等自然环境的强烈回归意识融入室内环境空间、界面处理、家具陈设以及各种装饰要素之中。因此室内多用木料、织物、石材等天然材料，显示材料的纹理，清新淡雅。此外，由于其宗旨和手法的类同，也可把田园风格归入自然风格一类。田园风格在室内环境中力求表现悠闲、舒畅、自然的田园生活情趣，也常运用天然木、石、藤、竹等材质质朴的纹理，巧于设置室内绿化，创造自然、简朴、高雅的氛围。

3.4.1　中式田园风格

中式田园风格的基调是丰收的金黄色，尽可能选用木、石、藤、竹、织物等天然材料装饰。软装饰上常有藤制品，有绿色盆栽、瓷器、陶器等摆设。中式风格的特点，是在室内布置、线形、色调以及家具、陈设的造型等方面，吸取传统装饰“形”“神”的特征，以传统文化内涵为设计元素，革除传统家具的弊端，去掉多余的雕刻，糅合现代西式家居的舒适，根据不同户型的居室，采取不同的布置，如图 3-14 所示。

图3-14　中式田园风格装饰

【小贴士】

中式田园风格注重人文气息和自然恬适之感，运用竹、藤、石、水、花、草、字、画，营造出雅致空间，主客置身其中，品茗博弈，自得其乐。中式田园风格在颜色搭配上，没有十分跳跃突出的色彩，一切都是平和中庸的。

3.4.2 英式田园风格

英式田园风格主要体现在家具上，家具的特点主要在华美的布艺以及纯手工的制作，布面花色秀丽，多以纷繁的花卉图案为主。碎花、条纹、苏格兰图案是英式田园风格家具永恒的主调。家具材质多使用松木、楸木、香樟木等，制作以及雕刻全是纯手工的，十分讲究，如图 3-15 所示。

图3-15 英式田园风格装饰

3.4.3 美式古典乡村风格

美式古典乡村风格带着浓浓的乡村气息，以享受为最高原则，在布料、沙发的皮质上，强调它的舒适度，感觉宽松柔软，家具体积庞大，质地厚重，坐垫也加大，彻底将以前欧洲皇室贵族的极品家具平民化，气派而且实用，美式家具的材质以白橡木、桃花心木或樱桃木为主，线条简单，所说的乡村风格，绝大多数指的都是美国西部的乡村风格。西部风情运用有节木头以及拼布，主要使用可就地取材的松木、枫木，不用雕饰，仍保有木材原始的纹理和质感，还刻意添上仿古的瘢痕和虫蛀的痕迹，创造出一种古朴的质感，展现原始粗犷的美式风格。有着抽象植物图案的清淡优雅的布艺点缀在美式风格的家具当中，营造出闲散与自在，温情与柔软的氛围，给人一个真正温暖的家。

美式古典乡村风格非常重视生活的自然舒适性，充分显现出乡村的朴实。乡村风格的色彩多以自然色调为主，绿色、土褐色较为常见，特别是墙面色彩的选择上，自然、怀旧、散发着质朴气息的色彩成为首选。

壁纸多选用纯纸浆质地，布艺也是美式乡村风格中重要的运用元素，本色的棉麻是主流，布艺的天然感与乡村风格能很好地协调；各种花卉植物、异域风情饰品、摇椅、小碎花布、铁艺制品等都是乡村风格中常用的东西，如图3-16所示。

图3-16　美式古典乡村风格装饰

【小贴士】

美式古典乡村风格摒弃了烦琐和奢华，并将不同风格中的优秀元素汇集融合，以舒适机能为导向，倡导“回归自然”，在室内环境中力求表现悠闲、舒畅、自然的田园生活情趣。

3.4.4　法式田园风格

法式田园风格使用温馨简单的颜色及朴素的家具，以尊重自然、以人为本的传统思想为设计中心，使用令人备感亲切的设计因素，创造出如沐春风般的感官效果。随意、自然、不造作的装修及摆设方式，营造出法式田园风格的特质，设计重点在于拥有天然风味的装饰及美观大方的搭配。

法式田园风格的居室随处可见花卉绿植和各种花色的优雅布艺。野花是法式田园风格最好的配饰，因为它最直接地传达了一种自然气息，有一种直接触摸大地的感觉。客厅垂落在窗台上的优雅的花布窗帘、粉绿色的墙面，以及卧室淡紫色的墙面，相同色系的小碎花家纺和窗帘等都让我们的心情丰盈而快乐。法式田园风格对配饰要求很随意，注重怀旧的心情，有故事的旧物等都是最佳饰品，如图3-17所示。

图3-17　法式田园风格装饰

3.4.5　南亚田园风格

南亚田园风格是有其代表性元素的，自然的阔叶植物、鲜艳的花卉、寓意美好的莲花是人们的最爱，体现物我相融的境界。在一间充满热带风情的居室中，用大花墙纸可以使居室显得紧凑而华丽，这种花型的表现并不是大面积的，而是以区域型呈现的，比如在墙壁的中间部位或者以横条竖条的形式呈现，同时图案与色彩是非常协调的，往往是一个色系的图案。

【小贴士】

南亚田园风格在家具设计中更加粗犷，不拘泥于细节，显现出一种大气之美。在配色设计方面则讲究一种自然的气息，可与植被的绿色为伍，也可与石头的灰色相伴，且均体现出一种亲近自然的人生哲学。

家具的设计风格显得粗犷，但平和而容易接近，材质多为柚木，光亮感强，也有椰壳、藤等材质的家具。大部分家具采用两种以上的不同材料混合而成。藤条与木片、藤条与竹条，材料之间的宽窄深浅形成有趣的对比，各种编织手法的混合运用令家具作品变成了一件手工艺术品，每一个细节都值得细细品味。色彩以宗教色彩中浓郁的深色系为主，如深棕色、黑色、金色等，令人感觉沉稳大气，如图 3-18 所示。

图3-18　南亚田园风格装饰

3.4.6 韩式田园风格

韩式田园风格的设计特点是带有很多当地的风土人情元素，结合对自然的向往，而衍生出来的符合东方人生活习惯的田园风格。以采用乡村风情的原木、藤制、石材等天然材料为主，色调多以土黄色系和纯白色系居多，从而表达对自然的渴望和依恋。它通常都以简单大方的空间搭配田园风格的家具，并以绿色植物加以点缀。

图3-19 韩式田园风格装饰

韩式田园风格注重家庭成员间的相互交流，注重私密空间与开放空间的相互区分，重视家具和日常用品的实用和坚固。韩式田园风格的家具通常具备简化的线条、粗犷的体积，其选材也十分广泛：实木、印花布、手工纺织的尼料、麻织物以及自然裁切的石材……韩式田园风格长久以来在韩式家具中占据着重要的地位。应该说，它摒弃了烦琐与奢华，兼具古典主义的优美造型与新古典主义的功能配备，既简洁明快，又便于打理，自然更适合现代人的日常使用，如图 3-19 所示。

3.5 地中海风格

地中海风格的基础是明亮，大胆，色彩丰富，简单，民族性，有明显的特色。重现地中海风格不需要太大的技巧，而是保持简单的意念，捕捉光线、取材大自然，大胆而自由地运用色彩、样式。

对于地中海风格来说，白色和蓝色是两个主打，最好还要有造型别致的拱廊和细细小小的石砾。在打造地中海风格的家居时，配色是一个主要的方面，要给人一种阳光而自然的感觉。主要的颜色来源是白色、蓝色、黄色、绿色以及土黄色和红褐色，这些都是来自于大自然最纯朴的元素。

地中海风格在造型方面，一般选择流畅的线条，圆弧形就是很好的选择，它可以放在我们家居空间的每一个角落，一个圆弧形的拱门、一个流线型的门窗，都是地中海家装中的重要元素。并且地中海风格要求自然清新的效果，墙壁可以不需要精心的粉刷，让它自然地呈现一些凹凸和粗糙之感。电视背景墙无须精心装饰，一片马赛克墙砖的镶嵌就是很好的背景。

【知识拓展】

地中海风格具有独特的美学特点。一般选择自然的柔和色彩，在组合设计上注意空间搭配，充分利用每一寸空间，集装饰与应用于一体，在组合搭配上避免琐碎，显得大方、自然，散发出古老尊贵的田园气息和文化品位；其特有的罗马柱般的装饰线简洁明快，流露出古老的文明气息。

在地中海风格的居室中，也可以将水引入其中，可以建筑一个漂亮的回流系统，让干净整洁的水潺潺流过，让整个居室显得生意盎然。还有铁艺，也是地中海元素中不可或缺的一部分，漂亮的铁艺陈设，能够使居室环境呈现另一种美。

在为地中海风格的家居挑选家具时，最好是用一些比较低矮的家具，这样让视线更开阔，同时，家具的线条以柔和为主，可以用一些圆形或椭圆形的木制家具，与整个环境浑然一体。而窗帘、沙发套等布艺品，我们也可以选择一些粗棉布，让整个家显得更加古味十足，同时，在布艺的图案上，我们最好选择一些素雅的图案，这样会更加突显出蓝白两色所营造出的和谐氛围。

绿色的盆栽是地中海风格不可或缺的一大元素，一些小巧可爱的盆栽让家里显得绿意盎然，就像在户外一般，而且绿色的植物也净化了空气，身处其中会备感舒适，在一些角落里，我们也可以安放一两盆吊兰，或者是爬藤类的植物，它能够制造一大片的绿意。

在地中海的家居中，装饰是必不可少的一个元素，一些装饰品最好是以自然元素为主，比如一个实用的藤桌、藤椅，或者是放在阳台上的吊兰，还可以加入一些红瓦和窑制品，带着一种古朴的味道，不用被各种流行元素所左右，这些小小的物件经过了时光的流逝，历久弥新，还带着岁月的记忆，反而有一种独特的风味，如图3-20所示。

图3-20　地中海风格装饰

3.6 混合型风格

混合型风格糅合东西方美学精华元素，将古今文化的内涵完美地结合于一体，充分利用空间形式与材料，创造出个性化的家居环境，所以也叫混搭风格。混搭并不是简单地把各种风格的元素放在一起做加法，而是把它们有主有次地组合在一起。混搭得是否成功，关键看是否和谐，最简单的方法是确定家具的主风格，用配饰、家纺等来搭配。中西元素的混搭是主流，其次还有现代与传统的混搭。在同一个空间里，不管是“传统与现代”，还是“中西合璧”，都要以一种风格为主，靠局部的设计增添空间的层次，如图 3-21 所示。

图3-21 混合型风格装饰

金属是工业化社会的产物，也是体现混合型风格最有力的手段。各种不同造型的金属灯和玻璃灯，都是现代混搭风格的代表产品。此外，大量使用钢化玻璃、不锈钢等新型材料作为辅材，也是现代风格家居常见的装饰手法，能给人带来前卫、不受拘束的感觉。

【小贴士】

混合型风格将多种室内设计风格融于一体，主要是由于地域的不同形成各自的文化，人是地域文化的创造者，追其始出，就是人们为了适应当时的地域环境而产生的行为，在此行为的基础之上使得本民族的文化得以发展。

【案例3-2】

王奕文——工体便宜坊

位于北京时尚地标工体北门的便宜坊,设计师以“大宋情怀”为主题,以宋朝山水,花鸟画作,词牌意境为载体的“叙事”方式来演绎大手笔一致、小细节丰富的空间设计风格,如图 3-22、图 3-23 所示。

入口处高高在上的亭台,将空间分为两个区域。一侧为挑高达 9 米的气势磅礴的婚宴区,另一侧为传统意义上的散座区。宋代的山水画,博大如鸿、漂渺如仙、意境挥洒如行云,亭台宛若山水画之中的一处雅居,水波荡漾、树影婆娑、鸟语花香,将人们带入幽幽的神往意境之中。

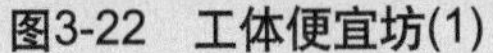

图3-22　工体便宜坊(1)

图3-23　工体便宜坊(2)

在家具和陈设的选择上,两个大包间专门为高端客户量身定做,看似简单平实的暖灰色,其实层次异常丰富,宋代仕女的服饰,严谨的家具配色,工笔花鸟的绘画作品,将“春深雨过西湖好,百卉争妍,蝶乱蜂喧,晴日催花暖欲然”演绎得淋漓尽致。

前往包间区的必经之路用十二个可旋转的白色隔断将走廊和散座区很好地分隔。并可根据经营的需求开启或关闭,展现大宋文人的生活方式,半通透的隔断,绿影互动,有山水,有庭院,天花板上穿插云间的高山流水水墨画与现代空间的微妙变化,亦古亦今,让客人仿佛置身于时空穿梭的意境中,梦回大宋。

【案例分析】

便宜坊(bianyifang)创建于明朝永乐十四年(1416年)，距今已有近600年的历史。装修风格以便宜坊600年历史文化为底蕴，红、黑、金三色交融，呈现了时尚与回归的空间态势，在设计上本着续承不泥古、创新不离宗的原则，更多地展现了便宜坊古老年轻、经典又时尚的品牌特色。

设计宋式变异回廊的呈现，某种意义上界定了空间的延续性，作为主要的动线承载着功能的作用。宋朝文化的博大与意境，浅酌低唱的闲情逸趣，用现代设计的视觉语言和思维方式表达出来，跨时代的文化沟通，希望“如梦如幻”的大宋情怀带给观者以身临其境的感受，成为有深远意义的设计空间。

(摘自：http：//www.idc.net.cn/alsx/canyinyuba/111119.html)

本章小结

室内设计风格的形成，是不同的时代思潮和地区特点，通过创作构思和表现，逐渐发展成为具有代表性的室内设计形式。一种典型风格的形成，通常和当地人的人文因素和自然条件密切相关，又需要有创作中的构思和造型的特点。

通过室内设计各类风格的学习，相信同学们对国内、国外各阶段较为流行的装饰风格及现阶段较为流行的装饰风格有了基本的了解，并从各类室内装饰风格的特点入手，对各类室内装饰风格设计的发展趋势有了一个总体的把握。

思考练习题

1. 室内设计风格分为哪几类?
2. 英式田园风格和韩式田园风格的区别有哪些?
3. 传统风格具体分为哪些内容?

实训课堂

实训课题：赏析优秀室内设计作品。

内容：针对优秀室内装饰设计案例，深刻理解室内设计的一类或几类风格。

要求：就优秀室内装饰设计经典案例展开分析，加深对各类设计风格的理解。写出赏析总结，总结需要观点鲜明，符合室内设计各类风格特征，不少于2000字。

第4章

室内空间与界面设计

学习要点及目标

☆了解室内空间的概念与类型。
☆掌握界面设计的内容、要求和功能特点。
☆了解不同界面的设计原则与设计手法。

核心概念

界面　　设计　　艺术

本章导读

“双贝壳”度假别墅

日本避暑胜地轻井泽有一栋巨人的“双贝壳”度假别墅，别墅围绕着一棵大枞树，随着时间的推移，树木在它的周围生长，使它融合在景色中。这个“双贝壳”白色建筑是日本设计公司Artechnic为轻井泽度假区设计的别墅，最初的造型方案是更为庞大的J形，J代表Japan，而弯钩的形状又类似日本海边常见的螺壳，因此被命名为Shell House。但后来碍于预算，不得不缩小了建筑规模，于是成了现在这个由两个“卷”相连组成的悬浮式建筑，如图4-1、图4-2所示。

图4-1　“双贝壳”度假别墅(1)

别墅的整体结构是由两个二维曲面组成。壳体的边缘是自由曲线，表面是三维曲面与扭面。在壳体中，有地板、分割空间的墙壁、装饰了的房间。虽然第一眼看上去，椭圆形体可能浪费空间，但是，通过椭圆空间下半部的家具和摆设，最大化地利用了空间。椭圆形空间的底部是平平的地板，地板离地面高1.4米，较低的壳结构也高出地面，保持同样高度的露台。地板里安装了辐射采暖系统，底部成为弓形空间，它成为底部有热管的采暖空间。地板下的暖空气可以有效地加热地板，最后，将温暖的空气通过窗户的缝隙流出，防止产生冷风的现象。人不在时候，如果温度降至冰点，系统会自动给地板下的管道中灌注防冻剂。该系统还有自制的除湿和通风装置，可在全年自动运行。所有的入气口和排气口都安装在窗框下方，让气流穿过窗外面的阳台。

图4-2　“双贝壳”度假别墅(2)

【案例分析】

整个别墅由高低错落的两个横卧的圆柱结构相连接，“圆柱”采用混凝土材料，顶部厚度为33cm，而两侧墙壁最厚可达73cm。“圆柱”的连接处也就是J形的，弯曲处被巧妙地设计成了一个天井，并种有杉树，将自然环境完美地纳入室内。较矮的圆柱体在设计上更为伸展，自然地“卷”出一段露在室外，正好为露台留了个合适的位置。

这个贝壳建筑有地基，墙体分割空间以及提供单独的住房空间。楼高两层，内部包括两个椭圆形的管节，设计师旨在将建筑和其周边的环境分开维护，从而将维护时间最小化。尽管在此地区避免使用混凝土，但是其抬高的地基结构有助于此别墅在潮湿恶劣的环境下自我保护。

4.1 室内空间的概念与功能

室内空间是室内设计的重要内容，是完成整个内部环境设计的基础。室内空间是与人最接近的尺度，室内空间周围存在的一切都与人息息相关。现代室内空间环境，随着人们物质与精神的需要，随着人们文化追求的提高，也在不断地发生着变化，但无论怎样变化，若室内空间组织合理，内部环境设计的其他工作就有了可靠的依托。

4.1.1 室内空间的概念

室内空间与人的生活息息相关，作为建筑的主体，与人的活动建立了紧密的相互联系。室内空间是指被底界面、侧界面、顶界面同时围合而成的建筑内部空间。因此，空间是建筑的主体，室内空间设计是对建筑空间的再创造。

当我们进入室内，时刻会感觉到被建筑空间围护着。这种感觉来自于周围室内空间的墙壁、地板和天花板限定的界面，它们围护空间，连接空间界限，具有墙壁、地板和天花板不仅标志着围合的空间品质，它们的形态、构造与窗户的形式以及门的开洞位置还赋予室内空间以空间的建筑品质。

【知识拓展】

空间的场所感必须具备三个条件：首先，要具有较强的诱发性，能够把人吸引到空间中来并创造出参与事件的机会；其次，还能够提供某种活动内容的空间容量，能够让参与活动的人滞留在空间中，或聚集，或分散，使之各得其所；在时间上要能够保证持续活动所需要的使用周期。静态空间的界面相对于其他空间的界面，是最能体现空间主题的。

室内空间由地面、墙面和顶面三部分围合而成，确定了室内空间大小和不同的空间形态，从而形成室内空间环境。

地面：是指室内空间的底面。地面由于与人体的关系最为接近，作为室内空间的平整基面，是室内空间设计的主要组成部分。因此，地面设计应明确划分功能区域，在具备实用功能的同时，应给人以一定的审美感受和空间感受，如图 4-3 所示。

墙面：是指室内空间的墙面(包括隔断)。墙面是室内外空间构成的重要部分，对控制空间序列，创造空间形象具有十分重要的作用。如图 4-4 所示。

顶面：即室内空间的顶界面。一个顶面可以限定它本身至底面之间的空间范围，室内空间的上界面，室内空间设计中经常采用吊顶来界定和改造空间。在空间设计中，这个顶面非常活跃，正由于活跃的顶面因素，为我们提供了丰富的顶面。在空间尺度上，较高的顶棚能产生庄重严肃的气氛，低顶棚设计能给人一种亲切感，但太低又使人产生压抑感。好的顶面设计犹如空间上部的变奏音符，产生整体空间的节奏与旋律感，给空间创造出艺术的氛围，如图 4-5 所示。

图4-3　地面设计

图4-4　墙面设计

图4-5　顶面设计

4.1.2　室内空间的功能

室内空间应满足居住者的物质和精神功能需求。

物质功能需求主要包括空间使用上的要求，例如：合适的空间面积与形状；适合的家具、陈设布置；采光、照明、通风、隔音等物理环境等设计科学、美观……

精神功能需求是在满足物质需求的同时，从人的文化、心理需求出发，考虑居住者不同的爱好、审美、民族文化、地域风俗等，并能充分体现在空间形式的处理和空间形象的塑造上，使人获得精神上的满足和美的享受，如图 4-6 所示。

图4-6　满足精神功能需求

【知识拓展】

物体的使用功能就是指物体（如劳动工具、工作区域环境等）帮助人们完成某种具体功能活动的能力。人们在某个室内空间完成某种特定的功能活动，而在另一个室内空间可以完成另一种特定的功能活动。我们把这种能够帮助人们完成特定功能活动的室内空间叫作室内使用功能区间。

4.2　室内空间的类型

随着科技的发展、社会的进步，人们的审美需求和观念也随之不断地变化和创新，不断地出现形式多样的室内空间。

建筑空间有内部空间和外部空间之分。内部空间又可分为固定空间和可变空间两大类。固定空间是指在建筑主体工程时形成的，是由天花、地面、墙面等合围而成的空间，也可以称为第一次空间。在固定空间内用隔墙、隔断、家具等装饰元素把空间再次划分成不同的空间形式，就形成了可变空间，也称为第二次空间。下面向大家简要地介绍几种室内空间形态。

4.2.1　结构空间

通过对结构外露部分的观赏，来领悟结构构思及营造技艺所形成的空间类的环境，可称为结构空间，如图 4-7 所示。

室内设计师应充分利用合理的结构本身，为视觉空间艺术创造提供明显的或潜在的条件。结构的现代感、力度感、科技感和安全感，是真、善、美的体现，比起烦琐和虚假的装饰，更具有震撼人心的魅力。

【知识拓展】

室内空间是由面围合而成的，通常呈六面体形，这六面体分别由顶面、地面和墙面组成。人类从室外的自然空间进入人工的室内空间，处于相对不同的环境。外部主要和大自然直接发生关系，如天空、山水、树林花草；内部主要和人工因素发生关系，如顶棚、地面、家具、灯光、陈设等。

图4-7　结构空间

4.2.2 封闭空间和开敞空间

封闭空间即用限定性比较高的围护实体(承重墙、轻体隔墙等)包围起来的，无论是视觉、听觉等都有很强隔离性的空间。其性格是内向的、拒绝性的，具有很强的领域感、安全感和私密性。与周围环境的流动性较差。随着围护实体限定性的降低，封闭性也会相应减弱，而与周围环境的渗透性相对增加。在不影响特定的封闭技能的原则下，为了打破封闭的深沉感，经常采用灯窗、人造景窗、镜面等来扩大空间感和增加空间的层次，如图 4-8 所示。

开敞空间开敞的程度取决于有无侧界面、侧界面的围合程度、开洞的大小及启闭的控制能力等。开敞空间是外向性的，限定度和私密性较小，强调与周围环境的交流、渗透，讲究对景、借景以及与大自然或周围空间的结合，和同样面积的封闭空间相比，要显得大一些，心理效果表现为开朗、活泼、性格是接纳性的。开敞空间经常作为室内外的过渡空间，有一定的流动性和很高的趣味性，是开放心理在环境中的反映，如图 4-9 所示。

【小贴士】

开敞空间和封闭空间是相对而言的，开敞的程度取决于有无侧界面、侧界面的围合程度、开洞的大小及启用的控制能力等。开敞空间和封闭空间也有程度上的区别，如介于两者之间的半开敞和半封闭空间，它们取决于房间的使用性质和周围环境的关系，以及视觉上和心理上的需要。

图4-8 封闭空间

图4-9 开敞空间

4.2.3　动态空间和静态空间

图4-10　动态空间

动态空间引导人们从“动”的角度观察周围事物，把人们带到一个由空间和时间相结合的“第四空间”，如图 4-10 所示。

动态空间有以下特色。

(1) 利用机械化、电气化、自动化的设施如电梯、自动扶梯、旋转地面、可调节的围护面、各种管线、活动雕塑以及各种信息展示等，加上人的各种活动，形成丰富的动势。

(2) 组织引导人流动的空间系列，方向性比较明确。

(3) 空间组织灵活，人的活动路线不是单向而是多向。

(4) 利用对比强烈的图案和有动感的线型。

(5) 光怪陆离的光影，生动的背景音乐。

(6) 引进自然景物，如瀑布、花木、小溪、阳光乃至禽鸟。

(7) 楼梯、壁画、家具等的组合，使人时停、时动、时静。

(8) 利用匾额、楹联等启发人们对动态的联想。

【知识拓展】

动态空间又称为流动空间，具有空间的开敞性和视觉的导向性，界面组织具有连续性和节奏性，空间构成形式富有变化和多样性，使视线从一点转向另一点。开敞空间连续贯通之处，正是引导视觉流通之时，空间的运动感既在于塑造空间形象的运动性上，更在于组织空间的节律性上。

人们热衷于创造动态空间，但仍不能排除对静态空间的需要，这是基于动静结合的生理规律和活动规律，也是为里满足心理上对动与静的交替追求，如图 4-11 所示。

静态空间一般有如下特点。

(1) 空间的限定度较强，趋于封闭型。

(2) 多为尽端空间，序列到此结束，私密性较强。

(3) 多为对称空间 (四面对称或左右对称)，除了向心、离心以外，较少其他的倾向，达到一种静态的平衡。

(4) 空间及陈设的比例，尺度协调。

(5) 色调淡雅和谐，光线柔和，装饰简洁。

(6) 视线转换平和，避免强制性引导线的因素。

图4-11　静态空间

4.2.4　流动空间

流动空间的主旨是不把空间作为一种消极静止的存在，而是把它看作一种生动的力量。在空间设计中，避免孤立静止的体量组合，追求连续的运动空间。空间在水平和垂直方向都采用象征性的分隔，从而保持最大限度的交融和连续，视线通透、交通无阻隔性或极小阻隔性。为了增强流动感，往往借助流畅的极富动态的、有方向引导性的线型。空间的流动感也往往是由于按照空间构图原理，在直接利用结构本身所具有的受力合理的曲线或曲面的几何体而形成的。在某些需要隔音或保持一定小气候的空间中，经常采用透明度大的隔断，以保持与周围环境的流通，如图 4-12 所示。

【知识拓展】

现代建筑师逐渐认识到房屋的存在不在于它周围的墙和屋面，而在于提供生活的内部空间。这种空间的认识，对空间流动性理念的形成起到了推动作用。建筑空间的存在来自一定实体的围合和区分，有围才有明确界限，有透才不会使各个空间成为一个个孤立的个体，而是一个统一的、有机的整体。其内部各空间存在着不同的联系，它们之间互相流动穿插形成一种特殊的空间。

图4-12　流动空间

4.2.5　共享空间

共享空间的产生是为了适应各种频繁的社会交往和丰富多彩的旅游生活的需要。它往往处于大型公共建筑内的公共活动中心，含有多种多样的空间要素和设施，使人们在精神上和物质上都有较大的挑选性，是综合性、多用途的灵活空间。

图4-13　共享空间

共享空间处理是小中有大、大中有小，外中有内、内中有外，相互穿插交错，极富流动性。共享空间尤其是倾向于把室外空间特征引入室内，使大厅呈现花木繁茂、流水潺潺的自然景象，是充满动态的自然和谐的空间，如图4-13所示。

4.2.6　下沉空间

室内地面局部下沉，可限定出一个范围

比较明确的空间，称为下沉空间。这种空间的底面标高较周围低，有较强的围护感，性格是内向的。处于下沉空间中，视点降低，环顾四周，新鲜有趣。下沉的深度和阶数，要根据环境条件和使用要求而定。为了加强围护感，充分利用空间，提供导向和美化环境，在高差边界处可布置座位、柜架、绿化、围栏、陈设等。在层间楼板层，受到结构的限制，下沉空间往往是靠抬高周围的地面来实现，如图 4-14 所示。

图4-14　下沉空间

【知识拓展】

凹凸是一个相对的概念，如外凸空间对内部空间而言是凹室，对外部空间而言是凸室。大部分的外凸空间希望将建筑更好地伸向自然、水面，达到三面临空，饱览风光，使室内外空间融为一体，或通过锯齿状的外凸空间，改变建筑朝向、方位等。

【案例4–1】

Google办公室设计

Google 的办公室文化是非常闻名的，在这里有宽松的环境、个性的装饰、好玩的摆设、免费的食物、健身中心、独特的休息场所，是与中国传统的办公室文化完全不同的风格。下面以阿姆斯特丹南部的 Google 办公室设计为例，如图 4-15、图 4-16 所示。

坐落在阿姆斯特丹南部的Google办公楼的室内设计是由D/DOCK设计团队完成的，面积为3000m²。办公楼的室内设计灵感源于Google初创时期租用车库办公楼的历史，采用涂鸦画作、裸砖墙纸等常见于车库的元素进行设计，同时也将荷兰本地的威化饼、姜饼等图案融入其中。

图4-15　阿姆斯特丹南部的Google办公室(1)

图4-16　阿姆斯特丹南部的Google办公室(2)

节能环保、可持续发展是Google阿姆斯特丹办公楼的设计重点，与此同时，为了创造充满活力的办公空间，设计师运用了翻新家具以及大量节能材料，特别注意能源和水的节约。

【案例分析】

谷歌公司认为，给员工提供舒适和富有创意的工作环境有助于提高其生产效率。在此理念的指引下，Google 阿姆斯特丹南部的办公室的设计像世界其他国家 Google 办公室的设计一样人性化，非常注重员工的亲身感受，涂装得充满童趣的冥想室、健身房、前台以及 180° 观景视角，充足的阳光等也能带给员工们更好的办公环境体验。

办公室装饰风格灵活多样，光影效果新颖奇特，绝对舒适，还有许多不同寻常的，充满创意和趣味的设计，这样的工作环境绝对能刺激员工的创造性，支持他们更好地应对各种挑战。

4.3　室内空间的分隔方式

一个运用地面、墙面和顶棚而构成的空间，是一次限定空间，它组成了室内空间的骨架，但还需经过必要的二次组织、分隔，才能充实空间内涵、丰富空间层次，更好地满足其使用功能和精神功能的要求。常见的室内空间分隔的方式主要有绝对分隔、局部分隔、象征性分隔和弹性分隔四种。

4.3.1　绝对分隔

用承重墙、到顶的轻体隔墙等限定度(隔离视线、声音、温湿度等的程度)高的实体界面分隔空间，称为绝对分隔。

绝对分隔的空间有非常明确的界限，是封闭的。隔音良好、视线完全阻隔或具有灵活控制视线遮挡的性能，是这种分隔方式的重要特征，因而与周围环境的流动性很差，但可以保证安静、私密和有全面抗干扰的能力。

4.3.2　局部分隔

用屏风、翼墙、较高的家具或不到顶的隔墙划分空间，称为局部分隔。局部分隔限定程度的高低与分隔体的大小、形态、材质有关，其特点是视线上受干扰小，但声音和空间均是流动的。

【知识拓展】

局部分隔是为了减少视线上的相互干扰，对于声音、温度等进行的分隔。局部分隔的方法是利用高于视线的屏风、家具或隔断等。这种分隔的强弱因分隔体的大小、形状、材质等方面的不同而异。

常用的局部分隔，又分为以下四种形式。

1．“一”字形垂直分隔

用“一”字形垂直面将空间一分为二，成为两个相隔离而又有联系的使用空间，增加了空间的层次感，如图 4-17 所示。

图4-17　“一”字形垂直分隔

2．L形垂直面分隔

由两个相互垂直的面相交而形成的空间，以它的 L 形转角沿对角线向外划定一个空间的范围，构成一个特殊的半围合空间。L 型界面是静态的，可独立于空间中。因为它的前端是开敞的，所以是一种较灵活的空间限定元素。通过多个 L 型界面的不同组合，可限定出富有变化的多种空间形式，如图 4-18 所示。

图4-18　L形垂直面分隔

3．平行垂直面分隔

用一组相互平行的垂直面进行分隔，以限定它们之间的空间范围。相对而言，这种分隔的空间是外向性的，流通性好，如图 4-19 所示。

图4-19 平行垂直面分隔

4．U形垂直面分隔

用U形垂直面分隔，其限定的空间范围中有一个内向焦点，具有向心感和较强的封闭性能。在实际应用中，利用家具和低矮的隔断形成 U 形分隔，既能满足私密性的要求，又保持了较好的空间流动性，如图 4-20 所示。

图4-20 U形垂直面分隔

4.3.3　象征性分隔

用片断、低矮的饰面、家具、绿化、水体、悬垂物以及色彩、材质、光线、高差、音响、气味等元素，或是建筑中的柱列、花格、构架、玻璃等通透隔断来分隔空间，这种或有或无的分隔称为象征性分隔，如图 4-21 所示。

这种分隔方式对空间的限定程度较低，空间界面模糊，具有象征性分隔的心理作用。在空间分割上是隔而不断，似隔非隔，层次感丰富，意境深远。

图4-21　象征性分隔

【知识拓展】

利用高差变化分隔空间的形式限定性较弱，只靠部分形体的变化来给人以启示、联想来划定空间。空间的形状装饰简单，却可获得较为理想的空间感。常用的分隔空间的方法有两种：一是将室内地面局部提高；二是将室内地面局部降低。两种方法在限定空间的效果上相同，但前者在效果上具有发散的弱点，一般不适合于内聚性的活动空间，在居室内较少使用;后者内聚性较好，但在一般空间内不允许局部过多地降低，较少采用。

4.2.4　弹性分隔

利用拼装式、直滑式、折叠式、升降式等活动隔断和珠帘、家具、陈设等分隔空间，可以根据使用要求而随时启闭或移动，空间也就随之或分或合，或大或小。这种分隔方式称为弹性分隔,这样分隔的空间称为弹性空间或灵活空间。弹性分隔的特点是灵活性大,经济适用，随意而变，如图 4-22 所示。

图4-22　弹性分隔

【知识拓展】

艺术材质的选用，是室内空间分隔设计中直接关系到使用效果和经济效益的重要环节。对于室内空间的饰面材料，同时具有使用功能和人们的心理感受两方面的要求。对材质的选择不仅要考虑室内的视觉效果，还应注意人通过触摸而产生的感受和美感，如坚硬平滑的大理石、花岗岩、金属、轻柔细软的室内织物，以及自然亲切的木制材料等。

4.4　室内空间的界面设计

室内界面既是构成室内空间的物质元素，又是室内进行再创造的有形实体。它们的变化关系直接影响室内空间的分隔、联系、组织和艺术氛围的创造。因此，界面在室内设计中具有重要的作用。

4.4.1　界面设计的内容、要求及功能特点

1. 界面设计的内容

室内界面，包含围合成室内空间的底面即地面、侧面即墙面和顶面即顶棚三部分。从室内装饰设计的大局观念出发，设计者必须把空间与界面有机地结合在一起进行分析和设计。但是在具体的设计过程中，不同阶段有不同的侧重点，例如在室内空间组织、平面布局基本确定以后，对界面实体的设计就变得非常重要，它使空间设计变得更加丰富和完善。

因此，界面设计从界面组成角度又可分为：顶界面——顶棚设计、底界面——地面设计、侧界面——墙面设计三部分。从设计手法上，界面设计主要分为：界面造型设计、界面色彩设计、界面材料与质感设计。

此外，作为材料实体的界面，除了界面的造型、色彩、材料与质感设计外，界面设计还需要与建筑室内的设施、陈设予以周密的协调，和谐美观。

【知识拓展】

界面的形状，较多情况是以结构构件、承重墙柱等为依托，以结构体系构成轮廓，形成平面、拱形、折面等不同形状的界面；也可以根据室内使用功能对空间形状的需要，脱离结构层另行考虑，如剧场、音乐厅的顶界面，近台部分往往需要根据几何声学的反射要求，做成反射的曲面或折面。除了结构体系和功能要求以外，界面的形状也可以按所需的环境气氛设计。

2．界面设计的要求

室内装饰设计时，对底界面、侧界面、顶界面等各类界面的设计应满足安全、舒适、健康、实用和美观的要求，具体如下。

(1) 无毒，主要是指散发气体及触摸时的有害物质低于核定剂量，并具有无害的核定放射剂量。

(2) 满足耐久性及使用期限要求。

(3) 具有一定的耐燃及防火性能，应尽量采用不燃及难燃性材料，避免采用燃烧时释放大量浓烟及有害气体的材料。

(4) 必要的隔热、保暖、隔声、吸声性能。

(5) 易于制作安装和施工，便于更新。

(6) 经济合理。

(7) 装饰与美观要求。

【知识拓展】

不同的建筑部位，相应地对装饰材料的物理性能、化学性能、观感等的要求也各有不同。例如室内房间的踢脚部位，由于需要考虑地面清洁工具、家具、器物底脚碰撞时的牢度和易于清洁等，因此通常需要选用有一定强度、硬质、易于清洁的装饰材料，常用的粉刷、涂料、壁纸或织物软包等墙面装饰材料，都不能直落地面。

3．界面的功能特点

(1) 顶界面：应满足质轻、光反射率高、保温、隔热、隔声、吸声等要求。

(2) 底界面：应具有防滑、耐磨、易清洁、防静电等特点。

(3) 侧界面：除了遮挡视线外，应具有较高的保温、隔热、隔声、吸声的要求。

4.4.2 顶界面——顶棚设计

空间的顶界面即顶棚，最能反映空间的形态及关系，对于界定、强化空间形态、范围及各部分的空间关系有重要作用。顶棚位于空间上部，具有位置高、不受遮挡、透视感强、引人关注的特点，因此通过对顶棚的艺术处理，可以达到突出重点，增强空间艺术效果的作用。

顶棚随室内空间特点的不同，处理手法各式各样。从与结构的关系角度，一般分为显露结构式、半显露结构式和掩盖结构式。

显露结构式——顶棚完全暴露空间结构和设备的做法。近现代建筑所运用的新型结构，有的造型独特、有的轻巧美观，如框架结构形式即使不加以任何处理，也可以成为很美的顶棚，如图 4-23 所示。

半显露结构式——在条件允许的情况下，顶棚设计应当和建筑结构巧妙地相结合，在重点空间上部或需要遮挡的设备等部位做部分吊顶，如图 4-24 所示。

图4-23 显露结构式

图4-24 半显露结构式

掩盖结构式——采用完全吊顶的顶棚处理方式。吊顶形式丰富多样，主要有以下几方面。

1. 造型角度

从造型角度来看，吊顶有平顶、穹顶、井格式、吊顶外凸和内凹及图案装饰式等；有顶棚与墙面形成整体式设计方法；有在顶棚设计上采用一定的母题或几何形态的手法，其中造型和图案在其他界面一般都有所呼应或重复。

【知识拓展】

空间的顶界面最能反映空间的形状及关系。通过对空间顶界面的处理，可以使空间关系明确，达到建立秩序，克服凌乱、散漫，分清主从，突出重点和中心的目的。例如北京饭店宴会厅、国际俱乐部阅览室等。

2．光角度

从光的角度来看，顶棚分为具有自然采光功能的顶棚、通过照明手段形成的发光顶棚。前者通过各种形式的天窗使室内空间明亮、开朗，光影变化丰富，同时还能节约能源，后者除了满足照明要求外，还可以突出主题、烘托气氛，同时灯具形式也是顶棚造型的重要手段，如图 4-25、图 4-26 所示。

图4-25　自然采光

图4-26　照明采光

3．色彩角度

色彩可以影响人们的心理，所以在处理室内界面设计时需要特别注意。一般来讲，暖色可以使人产生紧张、热烈、兴奋等情绪，而冷色则使人产生安定、幽雅、宁静等情绪。暖色使人感到膨胀和靠近，冷色使人感到收缩和后退。因此，两个大小相同的房间，暖色系的会显得小，而冷色系的则显得大。不同明度的色彩，也会使人产生不同的感觉。明度高的色调使人感到明快、兴奋，明度低的色调使人感到压抑、沉闷。此外，色彩的深浅不同，给人的重量感也不同。浅色给人的感觉轻，深色给人的感觉重。因此，室内色彩一般多遵循上浅下深的原则来处理，自上而下，顶棚最浅，墙面稍深，护墙更深，踢脚板与地面最深，这样上轻下重，空间稳定感好。另外，顶棚起反射光线的作用，一般顶棚色彩选用在室内色彩中明度最高的。因此，顶棚大多取白色、淡蓝、淡黄等色彩，但有时因营造气氛的需要，也可采取与上述相反的做法，即顶棚用低明度、较深理的色彩，如有的酒吧、KTV 等娱乐场所往往采用这种处理方法。

4．材质角度

任何一种材料都具有与众不同的特殊质感。材料的质感可以归纳为：坚硬与柔软、粗犷与细腻、粗糙与光滑、温暖与寒冷、华丽与朴素、沉重与轻巧等基本感觉形态。传统天然的材料像木、竹、藤、布艺等给人们以朴素、温暖、亲切感，人工材料如铁、钢、铝合金、玻璃等则简洁明快、精致细腻。不同质地和表面不同加工的材料，给人的感受也不一样。因此，顶棚应充分考虑空间功能要求，根据材料的特性，选择合适的材料进行设计。顶棚设计按材料的生成方式，可分为体现传统自然材质的田园式顶棚和体现现代材料技术、人工材质的现代感顶棚；按材质角度，又可分为软质顶棚和硬质顶棚两种形式。软质顶棚主要是指用布艺等质感柔软的材料作顶棚或吊顶装饰材料，硬质顶棚主要体现在选用材料的质感坚硬、造型硬朗。

4.4.3 底界面——地面设计

地面作为空间的底界面，需要用来承托家具、陈设、设备和人的活动，其形态、色彩、质地和图案将直接影响室内气氛。

1．地面造型设计

地面的造型主要通过地面凸、凹形成的有高差变化的地面，而凸出、凹下的地面形态可以是方形、圆形、自由曲线形等，使室内空间富有变化；另一种是通过地面图案的处理来进行地面造型设计。地面图案设计一般分为抽象几何形、具象植物和动物图案、主题式(标识或标志)等。地面的形态设计往往与空间、顶棚的形态相呼应，使主要空间的艺术效果更加突出和鲜明，如图 4-27 所示。

图4-27　凹凸造型地面

2．地面的色彩设计

地面起到呼应和加强墙面及家具色彩的作用，所以地面色彩应与墙面、家具的色调相协调。通常地面色彩应比墙面稍深一些，可选用低彩度、含灰色成分较高的色彩。常用的色彩有：暗红色、褐色、深褐色、米黄色、木色以及各种浅灰色和灰色等。在运用这些色彩时要注意选择较低的彩度，如图4-28所示。

【小贴士】

色彩是环境主要的造景要素，是心灵表现的一种手段，它能把风景强烈地诉诸情感，从而作用于人的心理。因此在园林造景中，对色彩的运用越来越引起了人们的重视。地面铺装的色彩更应该和植物、山水、建筑等统一起来，进行综合设计。如果场地的地面色彩简单，可通过线与形的变化来丰富空间的特征。

图4-28　地面色彩

3．地面的光艺术设计

在地面设计中，有时可利用光的处理手法来取得独特的效果。在地面下方设置灯光或配置地灯，既丰富了视觉感受，又可起引导作用。地面的光设置除了导向作用外，还能作为地面的装饰图案，如图4-29所示。

4．地面的材质设计

地面一般选用比较耐磨、结实、便于清洗的材料，如天然石材、水磨石、毛石、地砖等，也有选用大理石、木地板或地毯等高规格材料的。木地板因其特有的自然纹理和表面的光洁处理，不仅视觉效果好，而且显得雅致，有情调。花岗石地面因其材质的均匀和色差小，能形成统一的整体效果，再经过巧妙地构思，往往能取得理想的效果。地砖铺地变化较少，但通过图案设计和色彩搭配，也能取得很好的效果。鹅卵石地面经过拼贴组合，再加上其本身的自然特性，可以营造室内空间的特色气氛。此外，地面设计除采用同种材料变化之外，也可用两种或多种材料进行构成，既可以此来界定不同的功能空间，同时又使地面有了变化。

图4-29　地面灯光装饰

4.4.4　侧界面——墙面、隔断的设计

1．墙面设计

墙面作为围合空间的侧界面，是以垂直面的形式出现的，对人的视觉影响至关重要。在墙面装饰处理中，要将门、窗、灯具及其他细部装饰作为统一的整体联系在一起，才能获得完整和谐的效果。

1) 墙面造型设计

墙面造型设计首先要考虑的是虚实关系的处理，门、窗为虚，墙面为实，因此门、窗与墙面形状、大小的对比和变化往往是决定墙面形态设计成败的关键。墙面的设计应根据每一面墙的特点，或以虚为主，或以实为主，应尽量避免虚实平均的设计方法。

其次考虑通过墙面图案的处理来进行墙面造型设计。可以对墙面进行分格处理，使墙面图案肌理产生变化；采用壁画、绘有各种图案的墙纸和面砖等手段丰富墙面设计；通过几何形体在墙面上的组合构图、凹凸变化，构成具有立体效果的墙面装饰……

另外，墙面造型设计还应当正确地显示空间的尺度和方向感，不恰当的虚实对比关系、墙面分格形式、肌理尺度，都会造成错觉，并歪曲空间的尺度感和方向感。例如，在一般情况下，

低矮空间的墙面多适合于采用竖向分割的处理方法，高耸空间的墙面多适合于采用横向分割的处理方法，这样可以从视觉心理上增加和降低空间高度。此外，横向分割的墙面常具有水平方向感和安定感，竖向分割的墙面则可以使人产生垂直方向感、兴奋感和高耸感。

2) 墙面的光设计

利用光作为墙面的装饰要素，将使墙面和墙面围合的空间环境独具魅力。一是通过在墙面不同部位设置不同形态的洞口或窗，把自然光与空气引入，一天之中随着光线的缓缓移动而旋转，光与色彩、空间、墙体奇妙地交错在一起，形成墙面、空间的虚实、明暗和光影形态的变化，同时室外空间在视觉上流通，把室外景观引入室内，增加室内空间活动；二是通过墙面人工照明设计，营造空间特有的气氛。

【知识拓展】

光线通过灯具射出，其中90%～100%的光通量到达假定的工作面上，这种照明方式为直接照明。直接照明具有强烈的明暗对比，并能造成有趣生动的光影效果，可突出工作面在整个环境中的主导地位，但是由于亮度较高，应防止眩光的产生，如工厂、普通办公室等。

3) 墙面的材质设计

合理地使用和搭配装饰材料，使墙面富有变化。常见的墙面装饰材料有乳胶漆、木材、石材、壁纸、壁布、壁砖、玻璃等，可以根据房屋装饰风格和居住者的喜好选择一种或多种材料进行装饰。

4) 墙面的色彩设计

墙面因面积较大，其色彩往往构成室内的基本色调，其他部分的色彩都要受其约束。墙面色彩通常也是室内物体的背景色。它一般采用低彩度、高明度的色彩。这样处理不易使人产生视觉疲劳，同时可提高与家具色调的适应性，对于有特殊功用的房间如医院、幼儿园等，应根据功能需要而采用恰当的色彩。设计墙面色彩时应考虑房间朝向、气候等条件，同时还应与建筑外部的色彩相协调，忌用建筑外部环境色调的补色。墙裙的色彩一般应比上部墙的明度低。踢脚线应用与墙或墙裙色的同一色相，但明度要低于墙裙，并且要与其进行有意识的区分。

2．隔断

室内设计中，往往需要隔断分隔空间和围合空间，它比用地面高差变化或顶棚顶部造型变化来限定空间更实用、更灵活，因为它可以脱离建筑结构而自由变动、组合。隔断除具有划分空间的作用外，还能增加空间的层次感，组织人流路线，增加空间中可依托的边界等。

隔断从形式上来分，可分为活动隔断和固定隔断。活动隔断如屏风、家具以及绿化等。固定隔断又可分为实心固定隔断和漏空式固定隔断。采用实心固定隔断来划分空间，使被围合的空间更有私密性；采用漏空通透的网状隔断，使空间分中有合，层次丰富。

【知识拓展】

固定隔断是用于划分(指对大空间进行功能分区)和限定(指为满足私密性分隔室内空间)建筑室内空间的非承重可拆卸式构件(指拆卸后，除需更换一些附件外，重组后不丧失其原有性能)，由饰面板材、骨架材料、密封材料和五金件组成。国外将外墙的贴面墙也列入固定隔断中。

此外，墙面设计还应综合考虑多种因素，如墙体的结构、造型和墙面上所依附的设备等，更重要的是应自始至终地把整体空间构思、立意贯穿其中，然后动用一切造型因素，如点、线、面、色彩、材质，选择适当的手法，使墙面设计合理、美观，同时呼应及强化主题。

4.5 室内界面的艺术处理

在界面的具体设计中，根据室内环境气氛的要求和材料、设备、施工工艺等现实条件，也可以在界面处理时重点运用某一手法。如突出界面材料的质地与纹理、强调界面色彩构成、突出界面上的图案设计与重点装饰或强调界面造型变化与光影效果等。

4.5.1 材料

室内装饰材料等的质地，根据其特性大致可分为天然材料和人工材料、硬质材料与柔软材料、精致材料与粗犷材料等。

不同质地和经过不同加工的界面材料，给人们带来的感受也不同，如平整光滑的大理石给人以整洁、精密感，纹理清晰的木材给人以自然、亲切感，全反射的镜面不锈钢给人以精密、高科技感，未经加工的石材给人以粗犷、朴实感……

图4-30　天然材料

天然材料中的木、竹、藤、麻、棉等材料常给人以亲切感，室内采用显示纹理的木材、藤竹家具等材料，粗犷自然，富有生机，使人有回归自然的感受，如图4-30所示。

4.5.2 界面的图案与线脚

界面上的图案必须从属于室内环境整体气氛的要求，起到烘托、加强室内精神功能的作用，图案与线脚的花饰与纹样，是室内装饰风格的表现。根据不同的场合，图案可能是具象的或者抽象的、多色的或者单色的、有主题或者无主题的。根据不同的表现手段，图案有绘制的、与界面同材质的或不同材质的。同时，界面的图案还需要考虑与室内陈设、家具、织物的协调，如图 4-31 所示。

图4-31　界面图案

【知识拓展】

界面的边缘、交接、不同材料的连接，它们的造型和构造处理，即所谓“收头”，是室内设计中的难点之一。界面的边缘转角通常以不同断面造型的线脚处理，如墙面下的踢脚和上部的压条等的线脚。光洁材料和新型材料大多不做传统材料的线脚处理。

4.5.3　界面的形状

界面的形状，较多的情况是以结构构件、承重墙柱等为依托，以结构体系构成轮廓，形成平面、拱形、折面等不同形状的界面，也可以根据室内使用功能对空间形状的需要，脱离结构层重新考虑，如剧场、会场、演播厅等界面，往往需要结合声学发射要求进行设计。同时，界面的形状也可以按照所需的环境气氛进行设计，如图 4-32 所示。

图4-32　界面形状

【案例4−2】

中国园林中的空间流动性

中国建筑空间的流动性主要体现在园林中，中国园林建筑空间最常用的方法:“围”与“透”。这些方法对空间的分隔与联系，便造成了空间的流动性。

留园为中国大型古典私家园林，占地面积23 300m^2，代表清代风格。留园以建筑艺术精湛著称，厅堂宽敞华丽，庭院富有变化，太湖石以冠云峰为最，有“不出城郭而获山林之趣”。其建筑空间处理精湛，造园家运用各种艺术手法，构成了有节奏有韵律的园林空间体系，成为世界闻名的建筑空间艺术处理的范例。现在留园分为四部分，东部以建筑为主，中部为山水花园，西部是土石相间的大假山，北部则是田园风光，如图4-33所示。

图4-33　留园

留园的鹤所呈敞厅（廊）的形式，它的东部临近王峰仙馆前院，由于这一侧的墙面上形成若干巨大的完全透空的漏洞，使被分隔的内外空间有了一定的连通关系，致使处于敞厅之内的人可以透过各窗洞看到另外一个空间内的景物，这种处理不仅获得了层次变化与深度感，而且使空间形成联系，被分隔的内外空间本来处于静止的状态，但一经连通之后，随着相互之间的渗透，各自都延伸到对方中去，便打破了原来的静止状态，产生了一种流动感，当人看到之后，必然有一种想过去的欲望，这也就是所谓的引导性，视觉上保持连续性，同时又存有一定的变化，使空间的艺术效果更加感染人，因此产生了一种韵律节奏感的美。

【案例分析】

流动空间的主旨是不把空间作为一种消极静止的存在，而是把它看作一种生动的力量。在空间设计中，避免孤立静止地体量组合，而追求连续的运动空间。空间在水平和垂直方向都采用象征性的分隔，而保持最大限度的交融和连续，实现通透、交通无阻隔性或极小阻隔性。为了增强流动感，往往借助流畅的、极富动态的、有方向引导性的线型。

（摘自：左言华，刘文胜．建筑空间流动性探讨．青岛理工大学学报，Vol.28 No.4 2007，作者改编）

本章小结

室内空间组织和界面处理是室内设计的重要组成部分，是确定室内环境基本形体和线形的设计内容。设计时以物质功能和精神功能为依据，考虑相关的客观的环境因素和主观的身心感受。室内空间组织和界面处理除满足基本功能外，更应注意不同的室内空间意境的营造，使人们能深深地感受到大自然、地域文化、民俗情趣、时尚与个性，同时也使人们能传递思想和情感。

思考练习题

1．室内空间的概念是什么？
2．室内空间的功能有哪些？
3．界面设计的要求有哪几方面？

实训课堂

实训课题：设计一个居住空间的界面处理(墙面、地面、顶面)。
内容：通过本章室内空间与界面设计的学习，对室内居住空间进行界面设计。
要求：视角自定，有自己的创意；顶面界面加注灯具；A4纸手绘上色完成。

第5章

室内环境的照明设计法则

学习要点及目标

☆掌握室内照明的基本要求。
☆了解灯具的种类和特点。
☆明确灯具的选择、搭配及安装。

核心概念

人工照明　　自然采光

本章导读

Novamed联合诊所的照明设计

Novamed联合诊所完工于2010年，位于萨格勒布的郊区。为门诊病人设立的私人医疗中心具有不同的医疗部门和服务：内科、妇科、儿科、牙科、放射科、药房和一个美容保健中心，如图5-1～图5-3所示。

诊所里，通常是纯白色的墙壁，也许还会有一点儿其他颜色，但往往也是一些灰绿色的不明阴影，通常会让病人感到压抑。来自克罗地亚的照明设计师迪恩·斯凯拉(Dean Skira)和米佳· 利波维克(Maja Lipovcic) 创造了一个不会让病人感到压抑和有拘谨感的诊所——Novamed联合诊所。他们的设计是一种雕塑般的照明方案，而不是通常以每平方米的光通量来计算这种方式，他们的设计灵感来自于诊所里的生活和活动的全部内容——人体。

图5-1　Novamed联合诊所(1)

Novamed联合诊所包括三层楼：一层有接待区，儿科部，内科部，一个美容保健中心，一个药房和一个自助餐馆；二层有口腔科和妇科；三层包括办公室、一个用于培训课程的小礼堂和病人用的套房。

为了强调接待处和咨询室之间的信息交流，设计师用照亮的天花板来划分接待区域空间并产生了神经细胞的印象。诊所不同部门之间的流通路线犹如生物体的血管或者循环系统。在此项目中，天花板是最主要的元素，因为设计师意识到当我们坐在牙医的椅子上，或者躺下来准备接受医生的检查时，我们的眼睛是正对着天花板的。盯着天花板，思绪开始在脑海中蔓延。在这个特殊的医疗环境中，联合诊所承袭了“照顾”的角色。这个独特的照明方案帮助人们克服了在一个无菌、无情感的空间里容易产生的不安感，让我们暂时忘记自己的焦虑。

图5-2 Novamed联合诊所(2)

在入口和接待区域，一个有机形状的通道蜿蜒地穿过石膏板天花板，注入自助餐厅上方的半圆釉表面。线形RGB LED照明设备隐藏在通道里，象征神经细胞的下照灯被嵌进较高层的天花板上。此方案确保了无眩光和舒适的视觉感受。两位照明设计师面对的挑战是，系统地阐述这个想法，发展出一种理念，并且最终能予以实现。神经细胞、突触和轴突(人体里传导神经冲动离开神经元细胞体的长的突起)需要被充足、灵敏地照亮，以凸显它们的轮廓并使旁观者理解其背后的象征意义。为了达到有机形状被柔和照亮的效果，使用线形设备需要深入思考：“因为天花板上布满房屋设备设施，所以有必要为这条连续的长曲线找到确切的位置。被照亮的曲线需要展示出连续性的概念并表达出与细胞之间的联系。”迪恩•斯凯拉解释道。为了减少可见的元素数量，采用了一个将光源隐蔽的解决方案，把各种不同的光源合并进一个空间里。多亏为暖通准备的吊顶空间高度足够，才有可能安装一个需要嵌入深度达350毫米的发光圆顶。圆顶灯具上的电路设备适用于荧光灯和RGB LED技术，而且可以提供亮度可控的发光颜色和色温都不同的漫射光和柔光，效果既惊人又迷人，并且保证了医院里人们的愉快心情。

图5-3　Novamed联合诊所(3)

【案例分析】

在现代社会中，人们离不开各种室内环境，提高室内空间环境的技术性与艺术性，是衡量现代生活质量的重要标志。光环境的设计实际是要形成的一个良好的，使人舒适的，满足人们的心理、生理需求的照明环境。灯光构图是利用人工光源的颜色和显色性、灯具的造型及排列的形状，取得装饰效果，创造出相应的环境气氛。灯光的颜色、强弱、位置、方向和层次等的变化可以创造性地运用，以表现室内空间的使用功能、结构特性和建筑风格，特别是符合要求的室内环境气氛，有利于达到设计照明功能的目的。灯光的表现力是创造灯光艺术的重要因素。通过灯光显现出来的空间效果，利用灯光对人和物的造型，利用灯光做出的雕塑或绘画，都能具有诱人的表现力，能够发挥出惊人的艺术效果。

商业空间设计的采光要求在室内环境中的灯光照明设计要考虑各种不同的空间，每种不同的空间环境都需要配以不同类型的灯光色彩，灯具造型。灯光的合理布置，光源的强弱对人们的心理都有较大影响。

(摘自：豆瓣网，作者改编)

5.1　室内照明的基本要求

对照明的要求，主要是由照明环境内所从事的活动决定的，最重要的是根据视觉工作的性质使工作面上获得良好的视觉条件。一个良好的照明设计应当做到保证照明质量、节约能源、经济合理、安全可靠且便于管理和维护。

5.1.1　自然采光

通常将室内对自然光的利用，称为“采光”。自然采光，可以节约能源，并且在视觉上更为习惯和舒适，心理上更能与自然接近、协调。

随着现代技术的进步和新材料的不断出现，同时，使用自然采光的方法与手段也日益丰富。在创造室内光环境效果的工作中，应力求光与构件充分结合，使空间的层次得到有力的表现，室内环境的结构与形式得到清楚的表达，提供给人以积极的信息、削减消极的信息。运用层次、对比、扬抑、节奏等技法对光进行构图，力求赋予光以均衡、稳定的秩序，达到室内环境的美观与视觉舒适感。但是不当的处理有可能导致光环境的呆板、乏味，破坏室内空间的设计；或者导致光环境杂乱与无序，破坏室内空间的统一与协调，这就要求在针对光环境的设计的时候把握一定的规律与技法。

【小贴士】

自然采光设计，就是要根据自然光线照度变化大、光谱丰富以及与室外景致有机联系在一起的特点，向室内居住者提供天气气候变化、时间变化、光线方向和强弱变化以及各种动态信息所形成白天室内自然时空环境之感。

根据光的来源方向以及采光口所处的位置，自然采光分为侧面采光和顶部采光两种形式。侧面采光有单侧、双侧及多侧之分，而根据采光口高度位置的不同,可分高、中、低侧光。侧面采光可选择良好的朝向和室外景观，光线具有明显的方向性，有利于形成阴影，如图 5-4 所示。但侧面采光只能保证有限进深的采光要求，即一般不超过窗高的两倍，更深处则需要人工照明来补充。一般采光口置于 1 米左右的高度，有的场合为了利用更多的墙面 (如展厅为了争取多展览面积)，或为了提高房间深处的照度 (如大型厂房等)，将采光口提高到 2 米以上，称为高侧窗。除特殊原因外，如房屋进深太大、空间太广以外，一般多采用侧面采光的形式。顶部采光是自然采光利用的基本形式，光线自上而下，照度分布均匀，光色较自然，亮度高，效果好，但上部有障碍物时，照度会急剧下降，且由于垂直光源是直射光，容易产生眩光，不具有侧向采光的优点，故常用于大型车间、厂房等，如图 5-5 所示。

图5-4　侧面采光

图5-5　顶部采光

【知识拓展】

太阳光是取之不尽的源泉，太阳光无时无刻不在改变之中，并将变化的天空色彩、光层和气候传送到它所照亮的表面和形体上去。白天太阳光作为室内采光，通过墙面上的窗户进入房间，投落在房间的表面上，使色彩增辉、质感明朗。由太阳光而产生的光影图案变化使房间的空间活跃，清晰明朗地表达了室内的形体。光和影，对于家居装饰有润色作用，使室内充盈艺术韵味和生活情趣。

5.1.2　人工照明

人工照明也就是“灯光照明”或“室内照明”，它是夜间的主要光源，同时又是白天室内光线不足时的重要补充。

人工照明环境具有功能和装饰两方面的作用。从功能上讲，建筑物内部的天然采光要受到时间和场合的限制，所以需要通过人工照明补充，在室内造成一个人为的光亮环境，满足人们视觉工作的需要；从装饰角度讲，除了满足照明功能之外，还要满足美观和艺术上的要求。这两方面是相辅相成的，根据建筑功能的不同，两者的比重各不相同。如工厂、学校等工作场所需从功能来考虑，而在休息、娱乐场所，则强调艺术效果。人工照明不仅可以构成空间，并能起到改变空间、美化空间的作用。它直接影响物体的视觉大小、形状、质感和色彩，乃至直接影响到环境的艺术效果。

【小贴士】

人工照明是为创造夜间建筑物内外不同场所的光照环境，补充白昼因时间、气候、地点的不同所造成的采光不足，以满足工作、学习和生活的需求，而采取的人为照明措施。人工照明除必须满足功能上的要求外，有些以艺术环境观感为主的场合，如大型门厅、休息室等，应强调艺术效果。

人工照明、自然采光在进行室内照明的组织设计时，必须考虑以下几方面的因素。

1. 光照环境质量因素

合理控制光照度，使工作面照度达到规定的要求，避免光线过强和照度不足两个极端。

2. 安全因素

在技术上给予充分考虑，避免发生触电和火灾事故，这一点特别是在公共娱乐性场所尤为重要。因此，必须考虑安全措施以及标志明显的疏散通道等。

3. 室内心理因素

灯具的布置、颜色等与室内装修相互协调，室内空间布局，家具陈设与照明系统相互融合，同时考虑照明效果对视觉工作者造成的心理反应以及在构图、色彩、空间感、明暗、动静以及方向等方面是否达到视觉上的满意、舒适和愉悦。

4. 经济管理因素

考虑照明系统的投资和运行费用，以及是否符合照明节能的要求和规定，考虑设备系统管理维护的便利性，以保证照明系统正常、高效地运行。

室内光环境是在原有建筑环境的基础上，运用灯光艺术语言及照明技巧描绘和刻画的特定环境。对灯光艺术语言和照明技巧的运用，要充分考虑和兼顾居住者年龄、性格、职业等因素，要与建筑室内的装饰风格相协调，以满足人们对居住环境质量的要求日益增长的需要。

5.1.3 人工照明的类型

1. 整体照明

整体照明的特点是大多采用镶嵌于天棚上的固定照明，这种照明形式使光全部直接作用于工作面上，光的工作效率很高，如图5-6所示。

图5-6　整体照明

2. 局部照明

局部照明也称重点照明、补充照明。为了节约能源，在工作需要的地方才设置光源，并且还可以提供开关和灯光减弱装备，使照明水平能适应不同变化的需要，如图 5-7 所示。

图5-7　局部照明

【知识拓展】

一般照明与局部照明的关系如下。

人们习惯于一间房间有一般照明用的“主体灯”，多是用吊灯或吸顶灯装在房间的中心位置。另外根据需要再设置壁灯、台灯、落地灯等作为“辅助灯”，用于局部照明或者辅助照明。所谓“主体灯”与“辅助灯”是相对而言的，在一定条件下，功能也会发生置换。例如房间层高不足 2.5 米，面积也不大，就不宜多层设灯，特别不宜设大型吊灯，用一盏或两盏漂亮的壁灯即可发挥一般照明与装饰的作用，晚上学习、工作时再配以台灯，台灯罩用半透明的塑料，上部漫射光亦可满足照明的需要。

3．装饰照明

装饰照明的主要照明方式为射灯和泛光灯等形式，它可以强调所照射的物体或结构的形态、立体感为主。其目的是打破单一背景照明的呆板的感觉，丰富空间层次，使材料的质感更加突出，如图 5-8 所示。

图5-8　装饰照明

5.2　灯具的选择

如何使人体处在舒适的光源中，才是选择灯具的首要考虑。如果整个环境亮得不恰当，光就失去了亮的意义。适当的灯光不只是照明，还可以增加生活的舒适度。例如，理想的灯具设计不会清楚地看到灯泡，当然也不会多看一会儿就头晕目眩、眼睛疲劳，它的光线柔和而明亮，视觉舒适。因此，选择灯光比选择灯具外形更重要。

设计室内灯光时，最先考虑的是光对人的影响，光所透过的材质造成的稳定程度会影响视觉舒适度、肤色显现，灯光的色温要有一定的限制，好的设计还会考虑反射色温。反射色温包括地板和墙壁颜色与光一同形成的光环境，还有光是否会对眼睛造成疲劳等。

5.2.1 灯具的种类和特点

1. 吊灯

吊灯的花样最多，常用的有欧式烛台吊灯、中式吊灯、水晶吊灯、羊皮纸吊灯、时尚吊灯、锥形罩花灯、尖扁罩花灯、束腰罩花灯、五叉圆球吊灯、玉兰罩花灯、橄榄吊灯等。用于居室的分单头吊灯和多头吊灯两种，前者多用于卧室、餐厅；后者宜装在客厅里。吊灯的安装高度，其最低点应离地面不小于 2.2 米，如图 5-9 所示。

图5-9 吊灯

【小贴士】

欧洲古典风格的吊灯，灵感来自古时人们的烛台照明方式，那时人们都是在悬挂的铁艺上放置数根蜡烛。如今很多吊灯设计成这种款式，只不过是将蜡烛改成了灯泡，但灯泡和灯座还是蜡烛和烛台的样子。

2．吸顶灯

吸顶灯常用的有方罩吸顶灯、圆球吸顶灯、尖扁圆吸顶灯、半圆球吸顶灯、半扁球吸顶灯、小长方罩吸顶灯等。吸顶灯适合于客厅、卧室、厨房、卫生间等处照明，可直接装在天花板上，安装简易，款式简单大方，赋予空间清朗明快的感觉，如图5-10所示。

3．落地灯

落地灯常用作局部照明，不讲究全面性，而强调移动的便利，对于角落气氛的营造十分实用。落地灯的采光方式若是直接向下投射，适合阅读等需要精神集中的活动，若是间接照明，可以调整整体的光线变化。落地灯的灯罩下边应离地面1.8米以上，如图5-11所示。

图5-10　吸顶灯

图5-11　落地灯

【小贴士】

落地灯一般布置在客厅和休息区域里，与沙发、茶几配合使用，以满足房间局部照明和点缀装饰家庭环境的需求。但要注意不能置放在高大的家具旁或妨碍活动的区域里。

4．壁灯

壁灯适合于卧室、卫生间照明。常用的壁灯有双头玉兰壁灯、双头橄榄壁灯、双头鼓形壁灯、双头花边杯壁灯、玉柱壁灯、镜前壁灯等。壁灯的安装高度，其灯泡应离地面不小于 1.8 米，如图 5-12 所示。

图5-12　壁灯

【知识拓展】

床头壁灯，顾名思义就是安装在卧室床头的壁灯，确定安装位置时需要确定壁灯距离地面的高度和挑出墙面的距离。

(1) 床头壁灯的安装高度为壁灯下口离地 1.5 ～ 1.7m 为佳。

(2) 床头壁灯挑出墙面的距离为 95 ～ 400mm。

5．台灯

台灯按材质分陶灯、木灯、铁艺灯、铜灯等，按功能分护眼台灯、装饰台灯、工作台灯等，按光源分灯泡、插拔灯管、灯珠台灯等。一般客厅、卧室等用装饰台灯，工作台、学习台用节能护眼台灯，但节能灯不能调光，如图 5-13 所示。

6．筒灯

筒灯一般装设在卧室、客厅、卫生间的周边天棚上。这种嵌装于天花板内部的隐置性灯具，所有的光线都向下投射，属于直接配光，可以用不同的反射器、镜片、百叶窗、灯泡，来取得不同的光线效果。筒灯不占据空间，可增加空间的柔和气氛，如果想营造温馨的感觉，可试着装设多盏筒灯，减轻空间压迫感，如图 5-14 所示。

图5-13 台灯

图5-14 筒灯

7. 射灯

射灯可安置在吊顶四周或家具上部，也可置于墙内、墙裙或踢脚线里。光线直接照射在需要强调的家具器物上，以突出主观审美作用，达到重点突出、环境独特、层次丰富、气氛浓郁、缤纷多彩的艺术效果。射灯光线柔和，雍容华贵，既可对整体照明起主导作用，又可局部采光，烘托气氛，如图5-15所示。

5.2.2 灯具的搭配

灯光布置最忌“混乱和复杂”，射灯、筒灯、花灯、吊灯、壁灯全用，且光源五颜六色，让人眼花。好的室内光环境的营造，需要良好的策划，灯具正确定位，照明以人为本。

图5-15 射灯

【知识拓展】

射灯与筒灯的区别如下。

(1) 从光源看，筒灯可以装白炽灯泡，也可以装节能灯泡。装白炽灯泡时是黄光，装节能灯泡时视灯泡类型可以是白光，也可以是黄光。筒灯的光源方向是不能调节的。

一般家用的射灯用的是石英灯泡，或灯珠。当然，大型的射灯不一定用石英灯泡。石英灯泡一般只配有黄光。而且一般的射灯的光源方向可自由调节。

(2) 从应用位置看，筒灯一般都被安装在天花板内，一般吊顶需要在120mm以上才可以装。当然筒灯也有外置型的。在无顶灯或吊灯的区域安装筒灯是很好的选择，光线相对于射灯要柔和。

射灯一般可以分为轨道式、点挂式和内嵌式等多种。射灯一般带有变压器，但也有不带变压器的。内嵌式的射灯可以装在天花板内。射灯主要用于需要强调或表现的地方，如电视墙、挂画、饰品等，可以打出光晕以增强效果。

图5-16　门厅

1．门厅

门厅是进入室内给人最初印象的地方，灯光要明亮，灯具的位置要安置在进门处和深入室内空间的交界处。在柜上或墙上设灯，会使门厅内有宽阔感。吸顶灯搭配壁灯或射灯，优雅和谐。而感应式的灯具系统，可解决回家摸黑入内的不便，如图5-16所示。

2．走廊

走廊内的照明应安置在房间的出入口、壁橱处，特别是楼梯起步和方向性位置，楼梯照明要明亮，避免危险。走廊需要充足光线，可使用带有调光装置的灯光，以便随时调整灯光强弱。紧急照明的设备也不可缺少，以防停电时的不时之需，如图5-17所示。

图5-17　走廊

【小贴士】

厨房、卫生间和过道里一般使用吸顶灯，因为这些地方需要照明的亮度不大，且水汽大、灰尘多，用吸顶灯便于清洁，而且利于保护灯泡。厨房中灯具要安装在能避开蒸汽和烟尘的地方，宜用玻璃或搪瓷灯罩，既便于擦洗又耐腐蚀。盥洗间则应采用明亮柔和的灯具，同时灯具要具有防潮和不易生锈的功能。

3．客厅

客厅是一家人的共同活动场所，具有会客、视听、阅读、游戏等多种功能，需要多种灯光充分配合。客厅灯具的风格是主人品位与风格的一个重要表现，因此，客厅的照明灯具应与其他家具相谐调，营造良好的会客环境和家居气氛。如果客厅较大，而且层高3米以上，宜选择大一些的多头吊灯。吊灯因明亮的照明、引人注目的款式，对客厅的整体风格产生很大的影响。高度较低、面积较小的客厅，应该选择吸顶灯，因为光源距地面2.3米左右照明效果最好，如果房间层高只有2.5米左右，灯具本身的高度就应该在20厘米左右，厚度小的吸顶灯可以达到良好的整体照明效果。射灯能营造独特的环境，可安置在吊灯四周或家具上部，让光线直接照射在需要强调的物品上，达到重点突出、层次丰富的艺术效果，如图5-18所示。

图5-18 客厅

4．卧室

卧室是主人休息的私人空间，应选择眩光少的深罩型、半透明型灯具，在入口和床旁共设三个开关。灯光的颜色最好是橘色、淡黄色等中性色或是暖色，有助于营造舒适温馨的氛围。除了选择主灯外，还应有台灯、地灯、壁灯等，以起到局部照明和装饰美化小环境的作用，如图5-19所示。

5．书房

书房中除了布置台灯外，还要设置一般照明，减少室内的亮度对比，避免疲劳。书房照明主要满足阅读、写作之用，要考虑灯光的功能性，款式简单大方即可，光线要柔和明亮，避免眩光，使人能舒适地学习和工作。

图5-19 卧室

【小贴士】

书房照明应以明亮、柔和为原则，选用白炽灯泡的台灯较为合适。写字台的台灯应适应工作性质和学习需要，台灯的光源常用白炽灯、荧光灯。书橱内可装设一盏小射灯，这种照明不但可以帮助辨别书名，还可以保持温度，防止书籍潮湿腐烂，如图 5-20 所示。

图5-20　书房

6．厨房

厨房中的灯具必须有足够的亮度，以满足烹饪者随心所欲地操作时的需要。厨房除了需安装有散射光的防油烟吸顶灯外，还应按照灶台的布置，根据实际需要安装壁灯或照顾工作台面的灯具。安装灯具的位置应尽可能地远离灶台，避开蒸汽和油烟，并要使用安全插座。灯具的造型应尽可能地简单，以方便擦拭，如图 5-21 所示。

在开放式厨房中由于厨房与餐厅连在一起，灯光设置要复杂一些。一般来说，明亮的灯光能烘托佳肴的诱人色泽，所以餐厅的灯光通常由餐桌正上方的主灯和一两盏辅灯组成。前者安装在天花板上，光源向下；后者则可在灶具上、碗橱里、冰箱旁、酒柜中因需要而设。其中，装饰柜、酒柜里的灯光强度，以能够强调柜内的摆设又不影响外部环境为佳。

如果房间的高度和面积够大，可以在餐桌上方装饰吊灯，吊灯的高度一般距桌面 55 ～ 60 厘米，以免挡视线或刺眼，也可以设置能升降的吊灯，根据需要调节灯的高度。如果餐桌很长，你可以考虑用几个小吊灯，分别设有开关，这样你就可以根据需要开辟较小或较大的光空间。

图5-21　厨房

7．餐厅

餐厅的局部照明要采用悬挂灯具，以方便用餐。同时还要设置一般照明，使整个房间有一定程度的明亮度。柔和的黄色光，可以使餐桌上的菜肴看起来更美味，增添家庭团聚的气氛和情调，如图 5-22 所示。

【小贴士】

餐厅的餐桌要求水平照度，故宜选用强烈向下直接照射的灯具或拉下式灯具，使其拉下高度在餐桌上方 600 ～ 700mm 的高度，灯具的位置一般在餐桌的正上方。灯罩宜用外表光洁的玻璃、塑料或金属材料，以便随时擦洗。

图5-22　餐厅

8. 卫生间

卫生间需要明亮柔和的光线，顶灯应避免接装在浴缸上部。由于室内的湿度较大，灯具应选用防潮型的，以塑料或玻璃材质为佳，灯罩也宜选用密封式，优先考虑一触即亮的光源。可用防水吸顶灯作为主灯，射灯作为辅灯，也可直接使用多个射灯从不同的角度照射，给浴室带来丰富的层次感，如图 5-23 所示。

卫生间中一般有洗手台、坐便和淋浴区这三个功能区，在不同的功能区可用不同的灯光布置。洗手台的灯光设计比较多样，但以突出功能性为主，在镜子上方及周边可安装射灯或日光灯，方便梳洗和剃须。淋浴房或浴缸处的灯光可设置成两种形式：一种可以用天花板上射灯的光线照射，让主人方便洗浴；另一种则可利用低处照射的光线营造温馨轻松的气氛。浴室的格调可戏剧性地改变，因为灯光的不同照射能创造不同的趣味。

图5-23　卫生间

5.2.3　灯具安装位置

照明中光源的位置是重要的，但这种位置选得好不好，关键在于你想让光源照亮的对象是什么。

首先是人，人最主要的部分是脸部。从不同角度投射的光线，会使人的脸出现不同的表情效果，如果人站在一只吊灯的正下方，直接向下的照明会使人的脸变得冷漠、严肃。如有一只灯由下而上地照到人脸，人脸会变得恐怖甚至凶恶。所以在人们频繁聚会的客厅、餐室、沙发群等处是不能采用直接向上或向下的照明。如采用侧射直接照明，即让光线从侧上方投射，就会使人脸的轮廓线条丰富、明朗；如采用漫射式灯具，让散射光来投射人脸，就会取得清晰可亲的形象。

老人住处的照明应以明亮为主，稍亮一些可以驱除孤独感，增加安全感；孩子用的灯具，在造型上尽量选活泼一些的，其亮度可根据实际使用功能来定。看书写字的台灯 40 瓦足够，不要用荧光灯，因其随交流电源而产生的人眼不能觉察的闪烁会刺激神经。游戏时的灯可用亮一些的，把整个房间照亮，使室内丰富的色彩更加美丽。到了睡觉时可打开一只专用的 3 瓦长明灯，既解决了孩子夜晚怕黑的问题，又解决了半夜起床方便的问题。

其次是家具，光源位置视期望效果而定。如果是一套崭新的组合家具，期望突出它的色彩与轮廓，可以采用多光源照明的方式，即可达到家具阴影部分很少的效果。

【案例5-1】

面包物语——欧摩尼亚面包店

欧摩尼亚面包 (Omonia Baker) 是欧摩尼亚家族在他们久负盛名的希腊甜点之后新推出的面包系列，主要经营面包和各种糕点。店堂里的每一处都散发着慵懒的感觉，仿佛甜蜜的时光就这样懒懒散散地过去了。在这个 90 多平方米的室内里，天花板的设计是亮点。整个顶部用巧克力棕色的玻璃马赛克铺贴，并形成高低起伏的波浪状。这样的设计使两边墙体的高度也不一样，整个空间给人不一样的体验。天花板上有一组看似很任意的悬挂装饰物。首先紧贴巧克力色马赛克安装了一只 15cm(6 英寸) 长的管状光源，随着高度的变化垂直安装，基座是圆形的金属座。在白炽灯的下面，用细线垂吊着红雪松木的球体，一个紧挨着一个，密密麻麻，全部垂到同一高度，如图 5-24 所示。这些松木球排列成片，形成一条松木球的河流。抬头看去，像在巧克力蛋糕上浇上了一勺子香草冰淇淋。白色的液体顺着蛋糕的起伏流淌、散开。柔美的顶部和弯曲的装饰线条都强调了面包店的主题，如面包般的蓬松、如奶油般的柔软、如巧克力般的迷人雅致。

透明的厨房间是他们的一大特色，如图 5-25 所示。烘焙师在一个精致的小小的强化玻璃盒子里面，技艺完全展示在客人们的面前。看着蛋糕从面包胚披上奶油外衣，然后加上各色的奶油点缀是很多客人不愿离去的原因。温习着甜蜜的时光，烘焙师的精湛手艺和室内设计师的精巧设计，都独具匠心，让人流连忘返。

图5-24　垂直的管状光源下面垂吊着红雪松木的球体

图5-25　全透明的厨房操作间

【案例分析】

这个面包房的设计宣扬的是放纵和奢靡，通过享受美好的事物来延迟人们每日所要面对的压力和折磨。空间柔和温馨，性感颓废，如同巧克力。空间里面很多的曲线都不是那么尖锐，更像奶油蛋糕一般，柔软地盘旋上升，让人期待着甜点出现的那一刻。设计想要呈现的是一种激情的期待，它是对面点制作过程的一种侧面表现，空间的转移是随着不同的口味进行的，人们一路都可以品尝到无尽的美味。

(摘自：http：//www.idc.net.cn/alsx/canyinyuba/111155.html)

本章小结

照明设计有两种意义，一种是功能照明，另一种是艺术照明。功能照明主要从功能方面考虑，以满足视觉工作要求为主；艺术照明则以艺术环境观感为主，以满足不同的造型和装饰要求，达到美化环境、协调空间的作用。

室内环境照明设计的任务，就是要根据设计的基本目的，综合运用技术手段和艺术手段与现代科学技术法则和美学法则，充分掌握设计环境对象的各种因素，充分利用有利条件，积极发挥创作思维，创造出一个既符合生产、工作和生活物质功能要求，又符合人们生理、心理要求的室内照明环境。

思考练习题

1. 室内照明的基本要求是什么？
2. 灯具的种类和特点有哪些？
3. 客厅应如何选择搭配灯具？

实训课堂

实训课题：针对客厅、卧室、书房分别进行照明设计。

内容：灵活运用所学知识，对不同使用功能的室内空间分别进行照明设计。

要求：分别画出效果图并结合效果图写出设计说明，说明需阐明设计思路、设计原理等内容，要有理有据、观点鲜明。

第6章

室内装饰材料设计

学习要点及目标

☆了解室内装饰材料的分类。
☆掌握室内装饰材料的基本要求。
☆掌握装饰材料的选择方法。

核心概念

装饰材料　　实材　　板材　　型材

本章导读

玻璃砖

玻璃砖是用透明或颜色玻璃料压制成形的块状，或空心盒状，体形较大的玻璃制品。其品种主要有玻璃空心砖、玻璃实心砖，马赛克不包括在内。多数情况下，玻璃砖并不作为饰面材料使用，而是作为结构材料，作为墙体、屏风、隔断等类似功能使用。

平板玻璃安装时，一般有木材、铝材、钢材及塑料边框。安装时，玻璃的形状应与边框吻合，尺寸应比边框小1～2毫米，以保证能顺利地镶入框内，严格禁止敲击。玻璃砖的安装一般使用胶粘的方法，大面积的墙面应用槽形金属型材做固定框架。家庭装修中的矮隔断墙一般可不用金属框架，采用玻璃砖单块砌筑的形式即可。砌筑时应注意要根据砖的尺寸预留出伸缩缝，在玻璃砖和结构之间应填充缓冲及密封材料。安装后的墙面要求表面平直，无凹凸现象，勾缝内要涂防水胶。

玻璃在日常使用中，绝对避免剧烈的撞击和震动，以防止造成玻璃的破损。表面产生灰污时，可用清水擦洗，并立即用干布揩干，如有油污时，可先用清洗剂将油污洗除，再用清水擦洗干净。清洗时注意不要将有腐蚀性的清洗剂滴落在边框上，不要用材质太硬的清洗工具，以防腐蚀、损伤边框表面。玻璃发生损坏时，应及时进行更换。更换的方法比较简单，除去玻璃边框上的封闭材料，按原尺寸配上新的玻璃即可。玻璃砖墙发生破裂现象，应及时用玻璃胶修复。

【案例分析】

玻璃和钢作为现代建材于20世纪初期渐渐演变为新生活的标志性符号。现代主义建筑摆脱了传统柱式比例的束缚，趋向于用纯粹材质来表达建筑自身的特性，并将玻璃幕墙建筑从技术的高度上升到建筑及美学的高度。

（摘自：中华玻璃网，作者改编）

6.1　装饰材料的分类

装饰材料分为两大部分：一部分为室外材料；一部分为室内材料。室内材料则分为实材、板材、片材、型材、线材五个类型。

6.1.1　实材

实材也就是原材，主要是指原木及原木制成的规方。常用的原木有杉木、红松、榆木、水曲柳、香樟、椴木，比较贵重的有花梨木、榉木、橡木等。在装修中所用的木方主要由杉木制成，其他木材主要用于配套家具和雕花配件。在装修预算中，实材以立方为单位。

【知识拓展】

实木地板最大的优点在于有天然木纹、质感，给人以温暖的感觉，容易配各款家具装饰，但是实木地板也有它的弱点，那就是对潮湿及阳光的耐久性差，潮湿令天然地板膨胀，干透后又会收缩，因而导致地板之间的缝隙加大甚至屈曲翘起。目前市场上实木地板主要有柚木、柞木、水曲柳、桦木及中高档进口木材等。

6.1.2　板材

板材最早是木工用的实木板，用作打制家具或其他生活设施，在科技发展的现今，板材的定义很广泛，在家具制造、建筑业、加工业等都有不同材质的板材。现在通常做成标准大小的扁平矩形建筑材料板，作墙壁、天花板或地板的构件，也多指锻造、轧制或铸造而成的金属板。

常用的板材按成分分类可分为：实木板、夹板、装饰面板、细木工板、刨花板、密度板、防火板、三聚氰胺板、碎木板、木丝板、胶合板、木塑板等。

实木板即采用完整的木材制成的木板材。这些板材坚固耐用、纹路自然，是装修中质优之选。但由于此类板材造价高，而且施工工艺要求高，在装修中使用反而并不多。实木板一般按照板材实质名称分类，没有统一的标准规格。除了地板和门扇会使用实木板外，一般我们所使用的板材都是人工加工出来的人造板。

夹板，也称胶合板，行内俗称细芯板，由三层或多层一毫米厚的单板或薄板胶贴热压制而成，是目前手工制作家具中最为常用的材料。夹板一般分为 3 厘板、5 厘板、9 厘板、12 厘板、15 厘板和 18 厘板六种规格 (1 厘即为 1mm)。

装饰面板，俗称面板，是将实木板精密刨切成厚度为 0.2cm 左右的微薄木皮，以夹板为基材，经过胶粘工艺制作而成的具有单面装饰作用的装饰板材。它是夹板存在的特殊方式，厚度为 3 厘。

细木工板，俗称大芯板。大芯板是由两片单板中间粘压拼接木板而成。大芯板的价格比细芯板要便宜，其竖向 (以芯材走向区分) 抗弯压强度差，但横向抗弯压强度较高。

刨花板是用木材碎料为主要原料，再掺加胶水、添加剂经压制而成的薄型板材。按压制

方法，刨花板可分为挤压刨花板、平压刨花板两类。这类板材的主要优点是价格极其便宜。其缺点也很明显，即强度极差，一般不适宜制作较大型或者有力学要求的家私。

密度板，也称纤维板，是以木质纤维或其他植物纤维为原料，施加脲醛树脂或其他适用的胶粘剂制成的人造板材。按其密度的不同，密度板分为高密度板、中密度板、低密度板。密度板由于质软耐冲击，也容易再加工。在国外，密度板是制作家私的一种良好材料，但由于我国关于密度板的标准比国际的标准低数倍，所以使用质量还有待提高。

防火板是采用硅质材料或钙质材料为主要原料，与一定比例的纤维材料、轻质骨料、黏合剂和化学添加剂混合，经蒸压技术制成的装饰板材。防火板是越来越多使用的一种新型材料，其使用不仅仅是因为防火的因素。防火板的施工对于粘贴胶水的要求比较高，质量较好的防火板价格比装饰面板也要贵。防火板的厚度一般为 0.8mm、1mm 和 1.2mm。

三聚氰胺板，全称是三聚氰胺浸渍胶膜纸饰面人造板，是一种墙面装饰材料。其制造过程是将带有不同颜色或纹理的纸放入三聚氰胺树脂胶粘剂中浸泡，然后干燥到一定固化程度，将其铺装在刨花板、中密度纤维板或硬质纤维板表面，经热压而成的装饰板。

碎木板是用木材加工的边角作余料，经切碎、干燥、挂胶、热压而成。

木丝板又名万利板，是利用木材的下脚料，经机器刨扬木丝，经过化学溶液的浸透，然后掺和水泥，入模成型加压、凝固、干燥而成。

胶合板是由三层以上单板胶合而成，共分阔叶树材胶一合板和针叶树材胶胶合板两种。

木塑板是采用热熔塑胶，包括聚乙烯、聚丙烯、聚氯乙烯作为胶粘剂，用木质粉料如木材、农植物秸秆、农植物壳类物粉料为填充料，通过先进的工艺设备生产出的高科技产品。其制品拉伸强度、弯曲强度、弯曲模量、冲击强度、维卡软化温度均达到或优于国际先进标准。木塑制品具有无毒、耐腐防潮、隔音保温、耐气候、耐老化等优点，可像木材一样锯、刨、钉、钻、铆，可代替现在市场上有毒气污染装修、装饰的材料。

6.1.3　片材

片材主要是把石材及陶瓷，木材、竹材加工成块的产品。石材以大理石、花岗岩为主，其厚度基本上为 15 ～ 20 毫米，品种繁多，花色不一。陶瓷加工的产品也就是我们常见的地砖及墙砖，可分为六种：釉面砖，面滑有光泽，花色繁多；耐磨砖，也称玻璃砖，防滑无釉；仿大理石镜面砖，也称抛光砖，面滑有光泽；防滑砖，也称通体砖，暗红色带格子；马赛克；墙面砖，基本上为白色或带浅花。

木材加工成块的地面材料品种也有很多，价格视材质而定。其材质主要为：柞木、香樟、白桦、杉木、榉木、花梨木、樱桃木、橡木、柚木、柳桉等，在装修预算中，片材以平方米为单位。

柞木，其木材比重大，质地坚硬、收缩大、强度高，结构致密，不易锯解，切削面光滑，易开裂、翘曲变形，不易干燥。耐湿、耐磨损，不易胶接，着色性能良好。

香樟，其木材具有香气，能防腐、防虫，材质略轻，不易变形，加工容易，切面光滑，有光泽，耐久性能好，胶接性能好，油漆后色泽美丽。

白桦，其材质略重而硬，结构细致、力学强度大、富有弹性，干燥过程中易发生翘曲及干裂，胶接性能好，切削面光滑，耐腐性较差，油漆性能良好。

杉木，其材质轻软，易干燥，收缩小，不翘裂，耐久性能好、易加工，切面较粗、强度中强、

易劈裂，胶接性能好，是南方各省家具、装修用得最为普遍的中档木材。

榉木，材质坚硬，纹理直，结构细，耐磨，有光泽，干燥时不易变形，加工、涂饰、胶合性较好。

花梨木，材质坚硬，结构中等，耐腐配，不易干燥，切削面光滑，涂饰、胶合性较好。

樱桃木，密度中等，具有良好的木材弯曲性能，较低的刚性，中等的强度及抗震动能力，机械加工容易，钉子及胶水固定性能良好，砂磨、染色及抛光后产生极佳的平滑表面。另外，樱桃木干燥时收缩量颇大，但是烘干后尺寸稳定。

橡木坚硬沉重，具有中等抗弯曲强度及刚性，断裂强度高，具有极好的抗蒸汽弯曲性能。南方红橡生长比北方红橡迅速，且木质较硬及较重。橡木的机械加工性能良好，其钉子及螺钉固定性能良好，染色及抛光后能获得良好的表面，是广泛使用的木材品种。

柚木颜色自蜜色至褐色，久而转浓，心材似榉木，而色稍浓，膨胀收缩为所有木材中最少之一。柚木具高度耐腐性，在各种气候下不易变形，具有易于施工等多种优点。

柳桉材质轻重适中，纹理直或斜而交错，结构略粗，易于加工，胶接性能良好，干燥过程中稍有翘曲和开裂现象。

6.1.4　型材

型材是铁或钢以及具有一定强度和韧性的如塑料、铝、玻璃纤维等材料通过轧制，挤出，铸造等工艺制成的具有一定几何形状的物体，主要是钢、铝合金和塑料制品。其统一长度为4米或6米。

钢材用于装修方面主要为角钢，然后是圆条，最后是扁铁，还有扁管、方管等，适用于防盗门窗的制作和栅栏、铁花的造型。铝材上要为扣板，宽度为100毫米，表面处理均为烤漆，颜色分红、黄、蓝、绿、白等。铝合金材主要有两色，一为银白、一为茶色，不过现在也出现了彩色铝合金，它的主要用途为门窗料。铝合金扣板宽度为110毫米，在家庭装修中，也有用于卫生间。厨房吊顶的。塑料扣板宽度为160毫米、180毫米、200毫米，花色很多，有木纹、浅花，底色均为浅色。现在塑料开发出的装修材料有配套墙板、墙裙板、门片、门套、窗套、角线、踢脚线等，品种齐全，在预算中型材以根为单位。

6.1.5　线材

线材主要是指木材、石膏或金属加工而成的产品。木线种类很多，长度不一，主要由松木、梧桐木、椴木、榉木等加工而成。其品种有：指甲线（半圆带边）、半圆线、外角线、内角线、墙裙线、踢脚线、雕花线等。宽度小至10毫米（指甲线），大至120毫米（踢脚线、墙角线）。石膏线分平线、角线两种，一般有欧式花纹。平线配角花，宽度为5厘米左右，角花大小不一；角线一般用于墙角和吊顶级差，大小不一，种类繁多。除此之外，还有不锈钢、钛金板制成的槽条、包角线等，长度为1.4米。在装修预算中，线材以米为单位。

接下来是墙面或顶面处理材料，它们有308涂料、888涂料、乳胶漆等；软包材料包括各种装饰布、绒布、窗帘布、海绵等；还有各色墙纸，宽度为540毫米，每卷长度为10米，花色品种繁多；油漆分为有色漆、无色漆两大类，有色漆有各色酚醛油漆、聚氨酯漆等，无色漆包括酚醛清漆、聚氨酯清漆、哑光清漆等。在装修预算中，涂料，软包、墙纸和漆类均以平方米为单位，漆类也有以桶为单位的。

【小贴士】

线材主要用作钢筋混凝土的配筋和焊接结构件或再加工(如拔丝，制钉等)原料。按钢材分配目录，线材包括普通低碳钢热轧盘条、电焊盘条、爆破线用盘条、调质螺纹盘条、优质盘条。

6.2　室内装饰材料的基本要求

室内装饰的艺术效果主要靠材料及做法的质感、线型及颜色三方面因素构成，即常说的建筑物饰面的三要素，这也可以说是对装饰材料的基本要求。

6.2.1　质感

不同饰面材料及其做法表现出不同的质感，如结实或松软、细致或粗糙等。坚硬而表面光滑的材料如花岗石、大理石表现出严肃、有力量、整洁之感；富有弹性而松软的材料如地毯及纺织品则给人以柔顺、温暖、舒适之感。同种材料的不同做法也可以取得不同的质感效果，如粗犷的集料外露混凝土和光面混凝土墙面就呈现出迥然不同的质感。

饰面的质感效果还与具体建筑物的体型、体量、立面风格等方面密切相关。粗犷质感的饰面材料及做法用于体量小、立面造型比较纤细的建筑物就不太合适，而用于体量比较大的建筑物效果就好一些。另外，外墙装饰主要看远效果，材料的质感相对粗一些无妨。室内装饰多数是在近距离内观察，甚至可能与人的身体直接接触，通常采用较为细腻质感的材料。较大的空间如公共设施的大厅、影剧院、会堂、会议厅等的内墙适当采用较大线条及质感粗细变化的材料有好的装饰效果。室内地面因使用上的需要，通常不考虑凹凸质感及线型变化，但陶瓷锦砖、水磨石、拼花木地板和其他软地面虽然表面光滑平整，却也可利用颜色及花纹的变化表现出独特的质感。

6.2.2　线型

一定的分格缝，凹凸线条也是构成立面装饰效果的因素。抹灰、刷石、天然石材、混凝土条板等设置分块、分格，除了为防止开裂以及满足施工接茬的需要外，也是装饰立面在比例、尺度感上的需要。例如，目前多见的本色水泥砂浆抹面的建筑物，一般采取划横向凹缝或用其他质地和颜色的材料嵌缝。这种做法不仅克服了光面抹面质感平乏的缺陷，同时还可以使大面积抹面颜色欠均匀的感觉减轻。

6.2.3　颜色

装饰材料的颜色丰富多彩，特别是涂料一类的饰面材料。改变建筑物的颜色通常要比改变其质感和线型容易得多。因此，颜色是构成各种材料装饰效果的一个重要因素。

不同的颜色会给人以不同的感受，利用这个特点，可以使建筑物分别表现出质朴或华丽、温暖或凉爽、向后退缩或向前逼近等不同的效果，同时这种感受还受着使用环境的影响。例如，青灰色调在炎热气候的环境中显得凉爽安静，但在寒冷地区则会显得阴冷压抑。

6.3　装饰材料的选择

室内装饰的目的就是打造一个自然、和谐、舒适、美观的环境，各种装饰材料的色彩、质感、触感、光泽等的正确选用，将极大地影响到室内环境。一般来说，室内装饰材料的选用应根据以下几方面综合考虑。

【知识拓展】

新型建材：仿古琉璃轻质屋面瓦。

它适用混凝土结构、钢结构、木结构、砖木混合结构等各种结构新建坡屋面和老建筑平改坡屋面，别墅及高档住宅小区；适用坡度为 15 ～ 90 度，适用温度为 -40 ～ -70℃；环保节能，简约实用，性价比高。

6.3.1　建筑类别与装饰部位

建筑物有各式各样的种类和不同的功用，如法庭、医院、办公楼、餐厅、厨房、卫生间等，装饰材料的选择则各有不同的要求。例如，法庭庄严肃穆，装饰材料常选用质感坚硬而表面光滑的材料，如大理石、花岗石，色彩用较深的色调，不宜采用五颜六色的装饰；医院气氛沉重而宁静，宜用淡色调和花饰较小或素色的装饰材料。

装饰部位的不同，材料的选择也不同。卧室墙面宜淡雅明亮，但应避免强烈反光，采用塑料壁纸、墙布等装饰。厨房、卫生间应有清洁、卫生气氛，宜采用白色瓷砖或水磨石装饰。KTV是一个娱乐休闲场所，装饰可以色彩缤纷、五光十色，以给人刺激色调和质感的装饰材料为宜。

6.3.2　场地与空间

不同的场地与空间，要采用与人协调的装饰材料。空间宽大的展览馆、影剧院等，装饰材料的表面组织可粗犷而坚硬，并有突出的立体感，可采用大线条的图案。室内宽敞的房间，也可采用深色调和较大的图案，不使人有空旷感。对于较小的房间，装饰要选择质感细腻、线型较细和有扩空效应颜色的材料。

【知识拓展】

在选择石材上要注意：石材的表面要有均匀的细料结构，具有细腻的质感，一般优质的石材不含太多的杂色、布色均匀，面光洁、亮度高，而粗粒及不等粒结构的石材外观效果较差，质量稍差。也由于地质作用的影响，天然石材常在其中产生一些细脉动、微裂隙，石材最易沿着这些部位发生破裂，缺棱少角，因此购买时应当注意。

6.3.3 地域与气候

室内装饰材料的选用与地域或气候有关，水泥地坪的水磨石、花阶砖的散热快，在寒冷地区采暖的房间里使用会使人感觉太冷，从而有不舒适感，故应采用木地板、塑料地板、高分子合成纤维地毯，其热传导低，使人感觉暖和舒适。在炎热的南方，应采用绿、蓝、紫等冷色材料，使人感到有清凉的感觉；而在寒冷的北方，则要用红、橙、黄等暖色调，为人们带来温暖的感觉。

6.3.4 民族性

选择装饰材料时，要注意运用各类材料与装饰技术，表现民族传统和地方特点。如装饰金箔和琉璃制品是我国特有的装饰材料，这些材料一般用于古建筑或纪念性建筑装饰，表现我国民族和文化的特色。

6.3.5 经济性

室内装饰是一种综合性的消费艺术，在选购室内装饰材料时，应在依据现实生活需要的基础上，以深层次的鉴赏力和审美观设计，避免盲目攀比，追求奢华，浪费钱财。

从经济角度考虑装饰材料的选择，应有一个总体观念，不但要考虑到一次投资，还应考虑到维修费用，且在关键问题上宁可加大投资，以延长使用年限，保证总体上的经济性。如在浴室设施中，排水设备和防水措施比什么都重要，花钱多少和装饰效果好坏是没有绝对正比关系的，只要合理选材、协调配色、认真施工，就可以装饰出令人满意的环境。

6.3.6 材料污染和伤害

室内装饰材料的选择还要考虑材料所含有的化学物质对人体健康是否有影响，是否污染空气，是否符合室内装饰材料的安全标准等。

【案例6–1】

金陵印象——金陵天泉湖紫霞岭度假酒店

金陵天泉湖紫霞岭度假酒店坐落于盱眙天泉湖岸边，湖光山色风景优美，落日时紫霞照耀整个酒店，故名紫霞岭酒店，如图 6-1、图 6-2 所示。酒店建筑依山临水，拥翠抱绿，整体造型为汉唐风格，酒店室内设计将新亚洲自然风格和天然美景融为一体，最为难得的是那份逐水而居的宁静致远。

金陵天泉湖紫霞岭度假酒店建筑面积 2 万平方米，设有大堂吧、全天候自助餐厅、中餐厅、宴会厅及室内游泳池等功能，坐拥湖光山色，水景与露天休闲广场。酒店室内设计充分融入整个建筑之中，将建筑元素和当地人文景色完美结合，遵循自然设计的法则，表达出中国文化骨子的灵性。

图6-1　金陵天泉湖紫霞岭度假酒店

图6-2　酒店大堂

【案例分析】

酒店大堂缀以暖色调原木板材，契合建筑本身的桁架元素进行空间分割，尽显精致高雅，从中可一窥酒店的新亚洲自然风格。墙面的石材取材于当地的火山石。经过重新切割后融入新的环境之中。酒店接待大堂、大堂吧与室外休闲区水景连成一线，在这里可以欣赏到天泉湖的美景美色。在这里营造出内敛禅意的中式意境，身处其中可以感受到空间带给人的静谧和感官的伸展，整体自然的色调使眼睛和身心得到沉静与安宁。

碧水倒影晶莹闪亮，天泉湖美景绚丽夺目。沉醉于金陵天泉湖紫霞岭度假酒店全天候自助餐厅，在彻底放松的同时重焕活力，在宁静平和之中享受味蕾刺激。

金陵天泉湖紫霞岭度假酒店的湖景房，犹如景观的有机组成部分，能够完全和谐地融入周围环境，每套客房都有宽阔的阳台和临湖景色的浴缸，现代自然风格的室内设计展现了独特的生活氛围。

(摘自：http://works.a963.com/2014-09/72079.htm)

本章小结

整个建筑工程中，室内装饰材料占有极其重要的地位，建筑装饰装修材料是集材性、艺术、造型设计、色彩、美学为一体的材料，也是品种门类繁多、更新周期最快、发展过程最为活跃、发展潜力最大的一类材料。其发展速度的快慢、品种的多少、质量的优劣、款式的新旧、配套水平的高低，决定着建筑物装饰档次的高低，对美化城乡建筑、改善人们居住环境和工作环境有着十分重要的意义。

思考练习题

1. 室内装饰材料的基本要求是什么？
2. 装饰材料的选择应考虑哪些方面？

实训课堂

实训课题：为自己设计一间书房。

内容：针对本章所学知识，为自己设计一间具有隔音效果的书房。

要求：画出设计草图并写出设计说明，不少于2000字，要根据不同界面分别进行设计阐述。

第7章

室内环境的色彩

学习要点及目标

☆掌握室内环境色彩设计的方法。
☆了解色彩搭配在室内设计中的应用。

核心概念

室内环境　　色彩配置　　色彩搭配

本章导读

道格拉斯住宅

白色给人纯洁、文雅的感觉，能增加室内亮度，使人增加乐观感或让人产生美的联想。白色以外的色彩往往会带给人们一种本身所特有的感觉，而白色则不会限制人的思绪，使用时，又可以调和、衬托或对比鲜艳的色彩，与一些刺激的色彩'如红色、黄色'相配时产生节奏感。因此，近现代的许多室内设计都采用白色调，再配以装饰和纹样，产生明快的室内效果。

道格拉斯住宅(Douglas House，1971—1973年)是白色派作品中较有代表性的一个，其设计者是理查德·迈耶。道格拉斯住宅犹如天然的杰作，清新脱俗，一尘不染。室外的楼梯和高耸的烟囱，还有横向的屋顶、透明的玻璃窗，构成了它的所有，如图7-1、图7-2所示。

图7-1　道格拉斯住宅外部图

图7-2　道格拉斯住宅室内图

从公路望向住宅时，能够望见的仅仅是住宅顶楼部分和一座窄小的斜坡通道，顺着坡度道的引导进入屋内。将视线转向屋内，借由起居室的挑空，而使整个视线也能在楼层之间游走。在顶楼的其他部分，则是作为远眺风景的屋顶平台。而在三楼部分，则是作为主要的卧室空间，而透过卧房外的走廊平台，也可俯视那挑高两层的起居室。顺着楼梯而下，到达的是宽阔的起居室，在此除了可以接待前来拜访的友人外，透过大片的玻璃望向户外的美景，更能令人悠闲地喝口下午茶享受生活。而一楼的部分，则是餐厅、厨房等服务性空间。

在屋外的部分设置了一座以金属栏杆扶手构成的悬臂式的楼梯，而它也清楚地连接了起居室和餐厅层的户外平台，而形成一套流畅的垂直动线系统。在住宅的外观有一个金属烟囱，使整幢房子看起来更具有现代感。另外，整幢房子因楼板和框架玻璃所分割的水平轴线，则在垂直方向，以金属烟囱来清楚地确立垂直向度的方向感，而使整幢房子的外观立面更为流畅而完整。

【案例分析】

迈耶设计的建筑都颇为简练，既包括居家设计又包括商用设计。他设计的作品最大的特点是永远有自己的特性而不是在风格上受别人的影响而迷惑。由于其大胆的风格和值得称颂的忠诚，迈耶创造出颇为独特的粗犷风格。为了在展示方面做得更好，他将斜格、正面以及明暗差别强烈的外形等方面和谐地融合在一起。

在建筑内部，他运用垂直空间和天然光线在建筑上的反射达到富于光影的效果，他以新的观点解释旧的建筑，并重新组合几何空间。迈耶说："白色是一种极好的色彩，能将建筑和当地的环境很好地分隔开。像瓷器有完美的界面一样，白色也能使建筑在灰暗的天空中显示出其独特的风格特征。雪白是我作品中的一个最大的特征，用它可以阐明建筑学理念并强调视觉影像的功能。白色也是在光与影、空旷与实体展示中最好的鉴赏，因此从传统意义上说，白色是纯洁、透明和完美的象征。"

7.1　室内色彩设计的方法

色彩是室内设计中最重要的因素之一，既有审美作用，又有表现和调节室内空间与气氛的作用，白色的冰雪会让人感觉到冷、红色的太阳使人感到温暖、蓝色的海水使人感到清爽、绿色的草原会让人心旷神怡……室内设计应重视色彩所引起的联想和产生的感情效果，以期在室内环境中得到合理利用。它能通过人们的感知、印象产生相应的心理影响和生理影响。室内色彩运用得是否恰当，能左右人们的情绪，并在一定程度上影响人们的行为活动，因此色彩的完美设计可以更有效地发挥设计空间的使用功能，提高工作和学习的效率。如果色彩运用不当，就会成为一个极其不稳定的因素，破坏整个氛围，甚至造成不适。室内色彩设计的根本问题是配色问题，这是室内色彩效果优劣的关键，孤立的颜色无所谓美或不美，任何颜色都没有高低贵贱的区分，只有不恰当的配色，没有不可以使用的颜色。

7.1.1　色彩设计的基本要求

在进行室内色彩设计时，首先应对以下问题进行了解和掌握。

1．空间的使用目的

不同的使用目的，如会议室、客厅、病房，在考虑色彩的要求、性格的体现、气氛的形成等方面要求各不相同。

2．空间的大小、形式

色彩可以按不同空间的大小、形式来进一步强调或削弱。

3．空间的方位

不同方位在自然光线作用下的色彩是不同的，冷暖感也有差别，因此，可利用色彩来进行调整。

4．使用空间的人的类别

老人、小孩、男、女对色彩的要求有很大的区别，色彩应适合居住者的爱好，符合居住者的身份。

5．使用者在空间内的活动及使用时间的长短

学习的教室、工业生产车间、休息的起居室，不同的活动与工作内容，要求不同的视线条件，才能达到提高效率、安全和达到舒适的目的。长时间使用的房间的色彩对视觉的作用，应比短时间使用的房间强得多。色彩的色相、彩度对比等的考虑也存在着差别，对长时间活动的空间，主要应考虑不产生视觉疲劳。

6．该空间所处的周围情况

色彩和环境有密切联系，尤其在室内，色彩的反射可以影响其他颜色。同时，不同的环境，通过室外的自然景物也能反射到室内来。色彩还应与周围环境协调一致。

7．居住者对于色彩的偏爱

一般来说，在符合原则的前提下，应该尽量地满足不同居住者的爱好和个性，才能符合使用者的心理和精神要求。

【小贴士】

色彩好似一个人的外表，亮丽的面容令人感觉更加贴切舒服，而内在的涵养像是室内设计一样让人悠然细品。如果没有内涵就算有倾城容貌，也不过是一副空皮囊。色彩与设计也是如此，相呼相应、相辅相成才是最好。

7.1.2 色彩配置的原理

统一地组织各种色彩的色相、明度和纯度的过程就是配色的过程。良好的室内环境色调，总是根据一定的秩序来组织各种色彩的结果。这些秩序有同一性原则、连续性原则和对比原则。

1．同一性原则

根据同一性原则进行配色，就是使组成色调的各种颜色或具有相同的色相，或具有相同的纯度，或具有相同的明度。在实际工作中，以相同的色彩来组织室内环境色调的方法用得较多，如图 7-3 所示。

图7-3 同一性原则

2．连续性原则

色彩的明度、纯度或色相依照光谱的顺序形成连续的变化关系，根据这种变化关系选配室内的色彩，即连续的配色方法。采

用这种方法，可达到在统一中求得变化的目的。但在实际运用中须谨慎行事，否则易陷于混乱而不可收拾的局面，如图 7-4 所示。

图7-4　连续性原则

【知识拓展】

当色彩纯度高的色彩与纯度低的色彩配置在一起时，纯度高的色彩更鲜艳而纯度低的色彩则更暗浊。那么。纯度高的色彩就会有一种向前的倾向，而暗浊的色彩则会有退后之感，这样，色彩层次很分明。当然，在考虑用色彩的纯度来达到设计的层次要求时，自然要将色彩的色相、明度考虑进去。不管用哪种色彩、如何配置，色相、明度、纯度是很难分开的，也是不能孤立的。在色彩的明度处理方面，对于一件设计作品来说，明度对比是比较重要的。

图7-5　对比原则

3．对比原则

为了突出重点或为了打破沉郁的气氛，可以在室内空间的局部上运用与整体色调相对比的颜色。在实际运用中，突出色彩在明度上的对比易于获得更好的效果，如图 7-5 所示。

在选配室内色彩的全过程中，上述的三个原则构成了三个步骤。同一性原则是配色设计的起点，根据这一原则，确定室内环境色调的基本色相、纯度和明度。连续性原则贯穿于室内设计的推敲过程中，确定几种主要颜色的对应关系。对比原则体现为室内配色设计的点睛之笔，以赋予室内环境色调一定的生气。

7.1.3　配色规律

1. 图形与背景

不同的颜色给人以不同强度的视觉刺激。随机地布置许多色块，其中给人以较强视觉刺激的色块更能抓住人们的注意力，从而成为图像的中心，这些色块成为图形，其他色块则成为这个图形的背景。根据这一规律，在配色设计中我们应当注意，图形的颜色应比背景的颜色更明亮、更鲜艳，而且明亮鲜艳的颜色面积相对要小。

2. 整体色调

整体色调决定了色彩环境的气氛。整体色调决定于各种颜色的色相、明度、纯度及色彩面积的比例。在配色设计中，首先要确定大面积的色彩，可根据所采用的配色方法来确定其他颜色。一般来说，偏暖的整体色调造成温暖的气氛；偏冷的整体色调则产生清雅的色调；整体色调的纯度较高会给人以较强的刺激；整体色调的明度较高会使人感到轻松；多种色彩的组合则会热闹非凡。

3. 配色平衡

颜色在感觉上有强弱和轻重之分，由此产生了配色平衡的问题。 为获得配色平衡，可遵循规律如下。

(1) 用更强烈的色调施于较小的面积上。

(2) 在小面积上选择与整体色调相对比的颜色。

(3) 注意及小面积上的用色。

(4) 注意不可破坏整体色调的平衡。

7.2　室内设计色彩的应用

色彩是最为生动、最为活跃的因素。不同的色彩会给人不同的刺激，不同的国家、民族，对色彩的反应与态度也各不相同。室内色彩的搭配是设计的关键所在。孤立的颜色是无所谓美与丑的，任何色彩也没有高低贵贱之分，只有搭配得合适与否。

7.2.1　利用色彩调整室内空间

室内设计是满足人们的精神生活和物质生活要求，从而对人的生产环境、生活学习环境、工作环境进行物质和精神上的改造，达到使用功能的必需条件和视觉环境的美好享受。

1．色彩具有进退感

明度低或纯度高的冷色有后退感，而明度高或纯度高的暖色有扩张感、前进感，利用色彩的这种视错觉效应，可以调整空间的缺憾。空间如果感觉过于开阔和松散，可以采用具有前进性、扩张感的暖色调来处理墙面，使空间获得紧凑、亲切的效果；如果空间过于狭窄时，或者想使空间更加开阔时，可采用具有后退性的冷色调来处理墙面，使空间取得较为宽阔的效果。当我们在会议厅大面积使用一些冷色调时，那么我们待在里面，就会觉得温度略微下降 2 ～ 3℃，这就是利用了“冷调降温”视错觉原理的一种方法。

【知识拓展】

对于相同的空间，运用明亮的颜色、暖色和彩度高的颜色，空间有前进感，看起来比实际距离会近一些，而面积则会有膨胀感，看起来比实际面积会大一些。当运用暗色、冷色和彩度低的颜色时，则会产生相反的效果，即后退和缩小。另外明度高、彩度高的色彩感觉轻快，明度低、彩度低的色彩感觉沉重。所以这些对于调整室内空间效果都具有很大的作用。

2．色彩具有轻重感

明度低的色彩感觉重，明度高的色彩感觉轻。利用这个原理，如空间过高时，天花板可采用略重的下沉性色彩，地板可以采用较轻的上浮性色彩，使高度感得到适当的调整。如空间较矮时，或希望有宽广感时，天花板则必须采用较轻的上浮性色彩，地板则必须采用较重的下沉性色彩，使空间产生较高的空间感，如图 7-6、图 7-7 所示。

图7-6　过高空间色彩搭配

图7-7　较矮空间色彩搭配

【知识拓展】

室内环境中的色彩对于调节光线具有举足轻重的作用。一般来讲，明度高的颜色反射光线强，明度低的颜色反射光线弱。所以当室内明度较高时，室内较亮，反之较暗。并且在实际应用中当室内进光太多太强时，可采用反射率较低的色彩，如蓝灰色；反之，则应采用反射率较高的色彩，如白色。

室内色彩设计切忌使用五颜六色的渲染，色彩未经统一规划而各行其道，势必会导致室内色彩的紊乱、错综，与设计的初衷南辕北辙。在进行室内设计时，首先应确定室内色彩的主色调，然后确定使用同一色系、对比色系还是互补色系的色调。只有在主色调确定后，才能根据色系的不同来确定相应的辅助色调。主色调一般不宜采用大面积的鲜艳的颜色，辅助色调则可根据实际情况大胆地选用小面积的较高明度或纯度的色彩，便可以起到画龙点睛的效果。其次，室内色彩的均衡感也很重要，色彩的明暗和面积最能影响整体色彩的均衡感，一般来说，明度高的色彩在上、明度低的色彩在下容易获得色彩均衡。例如，天花板要比地板颜色浅，否则容易产生压迫感。另外，在设计时可以考虑背景色比主体色浅；彩度高、暖色的面积应小于彩度低、冷色的面积等。总之，整体空间的色彩应该是上轻下重、淡妆浓饰，统一中有对比，和谐中有律动，稳重中又不乏变化。

【案例7-1】

台湾Green style餐厅空间设计

台湾中部低调舒适的 Green style 餐厅是由旧建筑改建景观餐厅，拆除原建筑立面，仅保留原结构系统，并观察到原本基地环境优越，景观条件极佳，所以在外观选材上以钢构(铁件烤漆)为主要建材，建筑立面搭配运用序列式方管格栅，依基地边缘排列形成一个斜口矩形样式，搭配石材等元素，重新将旧建筑活化，让原本铁皮建筑重新诠释何谓“Green style 用餐空间”，如图 7-8 所示。

黑色空间配色基调，运用鲜明的绿色裱材，让空间配色跳脱一般传统的选色模式，让餐厅空间活泼及亮丽起来，同时显示一种非正式与有趣的餐饮氛围，犹如一般人在家享受用餐的感觉。整体感的设计工法在每一个细节，造型主墙以特殊古典样式重新转译复杂性及高雅感，并以重复此元素，并搭配镜面材质的变化，让深色空间有透视感及变化性，传达都市中难得舒适的感情。

【案例分析】

室内空间以黑色为主调，搭配线性天然木纹木皮饰板及装饰，并借景室外绿意将户外开放空间借由烤漆铁件及半透明玻璃界面将绿意引进室内。大量的镜面玻璃反射了户外的自然绿意，形成透视感极佳的室内空间。空间中凿力最深的便是空间重新分配安排，设计过程将原本过多的空间格局拆除，包括外墙在内也全部拆除，呈现原建筑框架结构，才发现室内外空间是如此的融合与舒服，彻底实践美食与开放空间的观点。

图7-8　Green style用餐空间

7.2.2　利用色彩调节室内光线

从空间自然采光的角度来说，如果自然光线不理想时，可应用色彩给予适当的调节。朝北面的房间，常有阴暗沉闷之感，可采用明朗的暖色，使室内光线转趋明快。南面房子的光线明亮，可采用中性色或冷色为宜。东面房间有上下午光线的强烈变化，可以采用在迎光面涂刷明度较低的冷色。而在背光面的墙上涂刷明度较高的冷色或中性色。西面房间光线的变化更强烈，而光线的温度高，所以西面房间的迎光面应涂刷明度更低一些的冷色，并整个空间采用冷色调为宜。如果办公空间处在高层建筑的上部，由于各个方面的光线都强，应采用明度较低的冷色。

7.2.3　色彩搭配在室内设计中的具体运用

据研究颜色和人类情绪关系的专家考证，房间布置时如能选择适合的“愉悦”的色彩，会有助于下班回到家里后松弛紧张的神经，觉得放松舒适。不同颜色对人的情绪和心理的影响有差别，如红、黄、橙色等暖色系列能使人心情舒畅，产生兴奋感；而青、灰、绿色等冷色系列则使人感到清静，甚至有点忧郁。白、黑色是视觉的两个极点，研究证实黑色会分散人的注意力，使人产生郁闷、乏味的感觉，长期生活在这样的环境中人的瞳孔极度放大，感觉麻木，久而久之，对人的健康、寿命产生不利的影响。把房间都布置成白色，有素洁感，但白色的对比度太强，易刺激瞳孔收缩、诱发头痛等病症。

不同的房间功能不同，颜色也不尽相同；即使是相同功能的房间，有时也会因居住者喜好或习惯的不同而有差异，下面根据房间的不同使用功能具体讨论。

客厅：浅玫瑰红或浅紫红色调，再加上少许土耳其玉蓝的点缀是最“愉悦”的客厅颜色，会让人进入客厅就感到温和舒服。

餐厅：以接近土地的颜色，如棕、棕黄或杏色，以及浅珊瑚红接近肉色为最适合，灰、芥末黄、紫或青绿色常会叫人感觉不适，应尽量避免。

厨房：鲜艳的黄、红、蓝及绿色都是“愉悦”的厨房颜色，而厨房的颜色越多，家庭主妇便会觉得时间越容易打发。

卧室：浅绿色或浅桃红色会使人产生春天的温暖感觉，适用于较寒冷的环境。浅蓝色则令人联想到海洋，使人镇静，身心舒畅。

卫生间：浅粉红色或近似肉色令你放松，觉得愉快。但应注意不要选择绿色，以避免从墙上反射的光线，会使人照镜子时觉得自己面如菜色而心情不愉快。

书房：棕色、金色、紫绛色或天然木本色，都会给人温和舒服的感觉，加上少许绿色点缀，会令人觉得更放松。

虽然，居室颜色对人的情绪影响也是相对的，具体运用中还应结合家庭成员、个人习惯而不必强求一律。总之，室内设计的色彩应用应是在满足功能的前提下，综合考虑各种室内物体的形、色、光、质的有机组合。使得这个组合成为一个非常和谐统一的整体，充分发挥自己的优势，共同创造一个高舒适、高实用性、高精神境界的室内环境。

现代社会中，人们的工作频率快、生活压力大，多数的时间都是在室内，室内已成了人们生活、工作的主要场所。因此，人们越来越重视起室内环境的气氛和品位。色彩是烘托室内环境气氛的重要构成元素，室内环境中色彩的不和谐使用会使人心情浮躁，无法安心工作或生活；而色彩和谐的室内环境会让人工作起来精力充沛，生活起来心情舒畅。

1. 室内色彩设计的方法是什么？
2. 色彩设计的基本要求有哪些？
3. 色彩配置的原理是什么？

实训课题：欣赏学习室内色彩设计案例。

内容：通过对国内外优秀案例的学习，加深对室内环境色彩的理解并学习室内色彩搭配技巧。

要求：用心学习总结并写出报告，报告中要体现各种色彩所表达的不同心理感受，并总结所学习案例中的经典色彩搭配，图文并茂，不少于2000字。

第8章

室内家具与陈设

学习要点及目标

☆了解家具设计的风格和特点。
☆掌握家具在室内环境中的作用。
☆了解人体工程学与室内设计的关系。
☆了解常用的室内陈设品及陈设方法。

核心概念

家具风格　　陈设设计　　人体尺度　　百分位

本章导读

米兰大教堂

哥特式盛行在欧洲，从建筑开始，到"哥特式"人，再到哥特式电影，无不说明着哥特式的高傲以及黑暗的背景文化。它带给我们的不是那种心理的阴暗，而是属于哥特式的一种生活方式。

米兰大教堂是意大利最著名的哥特式教堂，它是欧洲中世纪最大的教堂之一，14世纪80年代动工，直至19世纪初才最后完成，如图8-1所示。教堂内部由四排巨柱隔开，宽达49米。中厅高约45米，而在横翼与中厅交叉处，更拔高至65米多，上面是一个八角形采光亭。中厅高出侧厅很少，侧高窗很小。内部比较幽暗，建筑的外部全由光彩夺目的白大理石筑成。高高的花窗、直立的扶壁以及135座尖塔，都表现出向上的动势，塔顶上的雕像仿佛正要飞升。西边正面是意大利人字山墙，也装饰着很多哥特式尖券尖塔，但它的门窗已经带有文艺复兴晚期的风格。

图8-1　米兰大教堂

【案例分析】

意大利的哥特式建筑于12世纪由国外传入，主要影响在北部地区。意大利没有真正接受哥特式建筑的结构体系和造型原则，只是把它作为一种装饰风格，因此这里极难找到“纯粹”的哥特式教堂。

意大利教堂并不强调高度和垂直感，正面也没有高钟塔，而是采用屏幕式的山墙构图。屋顶较平缓，窗户不大，往往是尖券和半圆券并用，飞扶壁极为少见，雕刻和装饰则有明显的罗马古典风格。

8.1　家具设计风格和特点

家具起源于生活，又服务于生活。随着人类文明的进步和发展，家具的功能、类型、材料、结构等在不断地发生变化。要把握各个历史阶段家具的风格特征，必须首先了解家具发展过程中使之形成风格特征的社会、文化、经济和科学技术等方面的历史原因，从而把握家具发展变化的内涵和规律。下面介绍以下几种具有代表性的家具风格。

8.1.1　古罗马家具

古罗马家具是在接受了希腊的文化传统，受到早期伊特拉里亚文化、埃及文化和东方文化的影响之后，融会发展起来的，比较倾向于实用主义，造型上追求宏伟、壮观、华丽，在表现手法上强调写实，表现出一种严峻、冷静、沉着的鲜明特征。这是罗马帝国的统治阶级及贵族们为了满足奢侈豪华的生活风气所致，属于统治者直接影响而形成的风格。古罗马的家具对于后来的影响很大，文艺复兴时期及新古典主义时期都是由于受罗马家具艺术风格的影响兴起的，从而促进了西方现代家具艺术的发展，如图8-2所示。

【小贴士】

罗马帝国的统治阶段及贵族们为了满足奢侈、豪华的炫耀风气，从而促使罗马家具形成严谨、肃穆、端庄、华丽的风格特征。公元前6世纪开始，青铜腐蚀雕刻技术和装饰艺术直接催生了青铜家具的产生，极大地丰富了罗马的家具装饰。

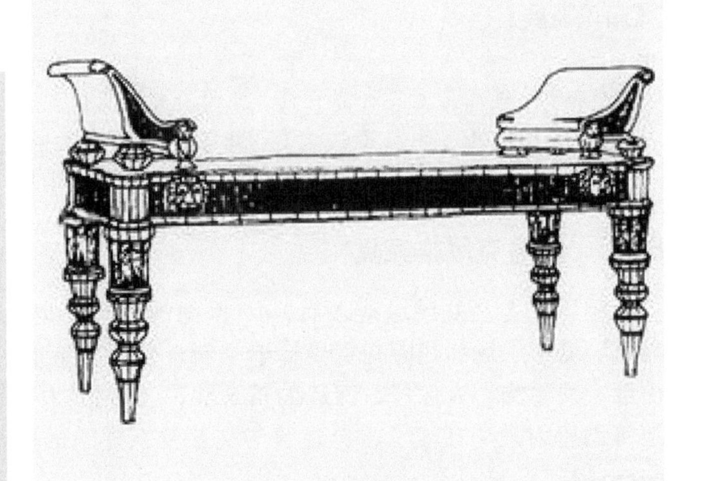

图8-2　古罗马家具

8.1.2　哥特式家具

12世纪初哥特式起源法国北部教堂建筑，很快风行欧洲，几乎各国的教堂都带有哥特式痕迹。哥特式风格家具，多为当时的封建贵族及教会服务，其造型和装饰特征与当时的建筑一样，完全以基督教的政教思想为中心，旨在让人产生腾空向上与上帝同在的幻觉，造型语义上在于推崇神权的至高无上，期望令人产生惊奇和神秘的情感。同时，哥特式家具还呈现出了庄严、威仪、雄伟、豪华、挺拔向上的气势，其火焰式和繁茂的枝叶雕刻装饰，是兴旺、繁荣和力量的象征，具有深刻的造型寓意性。

14世纪后，哥特式建筑上的装饰纹样开始被应用于家具，框架镶板式结构代替了用厚木板钉接箱柜的老方法，出现了诸如高脚餐具柜和箱形座椅等新品种。哥特式家具的主要特征在于层次丰富和精巧细致的雕刻装饰，最常见的有火焰形饰、尖拱、三叶形和四叶形饰等图案。哥特式家具是人类彻底地、自发地对结构美追求的结果，它是一个完整、伟大而又原始的艺术体系，如图8-3所示。

图8-3　哥特式家具

【知识拓展】

哥特式家具主要有靠背椅、座椅、大型床柜、小桌、箱柜等，最具特色的是坐具类。哥特式风格的每件家具都庄重、雄伟，象征着权势及威严，极富特色。

8.1.3　巴洛克风格家具

经历了文艺复兴运动之后，17世纪的意大利建筑处于复杂的矛盾之中，一批中小型教堂、城市广场和花园别墅设计追求新奇复杂的造型，以曲线、弧面为特点，如华丽的破山墙、涡卷饰、人像柱、深深的石膏线，还有扭曲的旋制件、翻转的雕塑，突出喷泉、水池等动感因素，打破了古典建筑与文艺复兴建筑的“常规”，被称为“巴洛克”式的建筑装饰风格。

【小贴士】

在巴洛克风格家具中，很少看到直线条的设计，几乎每件家具的腿部都有弧形，有荷兰酒杯形状，涡卷形状是弯曲底脚的基本形式，还有喇叭形脚和馒头形脚。其他部位也都有“L”“S”“C”形的弯曲弧度，其运动与变化还表现在水晶灯照射出的光芒，透过透明的水晶，灯光仿佛是在不断地变化。

巴洛克风格家具指的是具有巴洛克艺术特点的风格家具。其最大的特征是以浪漫主义作为造型艺术设计的出发点，它具有热情奔放及丰丽委婉的艺术造型特色，其最大的特点是将富于表现力的细部相对集中，简化不必要的部分而着重于整体结构。在表面装饰上，除了精致的雕刻之外，金箔贴面、描金填彩涂漆以及细腻的薄木拼花装饰亦很盛行，以达到金碧辉煌的艺术效果，是欧洲古典家具的杰出代表。它主要有法式巴洛克，又称路易十四风格家具，意式巴洛克等流派。

在路易十四时期即法国巴洛克，人们将椅子的靠背、座位面改为用纺织品包裹，里面充填上柔软的棕、麻、马尾、棉花，使座椅的舒适性得到了很大改善，如图 8-4 所示。

图8-4　法国巴洛克风格家具

意大利的巴洛克风格家具在 17 世纪以后发展到顶峰，家具是由家具师、建筑师、雕刻师手工制作的，家具上的壁柱、圆柱、人柱像、贝壳、涡卷形、狮子等高浮雕装饰精雕细琢，是王公贵族生活中高格调的贵族样式，是家具艺术、建筑艺术和雕刻艺术融合为一体的巴洛克风格家具艺术，极其华丽，同时也影响着欧洲其他国家，如图 8-5 所示。

图8-5　意大利巴洛克风格家具

8.1.4　洛可可风格家具

洛可可风格家具于 18 世纪 30 年代逐渐代替了巴洛克风格家具。由于这种新兴风格成长在法王“路易十五”统治的时代，故又可称为“路易十五风格”。

图8-6　洛可可风格家具

洛可可风格家具的最大成就是在巴洛克风格家具的基础上进一步将优美的艺术造型与功能的舒适效果巧妙地结合在一起，形成完美的工艺作品，其雕刻装饰图案主要有狮、羊、猫爪脚、C 形、S 形、涡卷形的曲线、花叶边饰、齿边饰、叶蔓与矛形图案、玫瑰花、海豚、旋涡纹等。

特别值得一提的是，洛可可风格家具的形式和室内陈设、室内墙壁的装饰完全一致，形成一个完整的室内设计的新概念。通常以优美的曲线框架，配以织锦缎，并用珍木贴片、表面镀金装饰，使得这时期的家具，不仅在视觉上形成极端华贵的整体感觉，而且在实用和装饰效果的配合上也达到了空前完美的程度，如图 8-6 所示。

【小贴士】

洛可可风格家具最显著的特征就是不对称，并以自然界的动物和植物形象作为主要装饰语言，叶子和花交错穿插在岩石和贝壳之间，外形轮廓不规则的形式遮住了传统的结构，熟悉的雕刻形式与令人耳目一新的图案有机地融合在一起，没有规则也不会间断，相对的均衡弥补了不对称在人视觉上产生的不稳定感。

8.1.5　明代家具风格

这时期的家具，不论是硬木还是木漆家具，甚至是民间的柴木家具，都呈现出造型简洁、结构合理严谨、线条挺秀舒展、比例适度、纹理优美的特点，它以不施过多装饰的素雅端庄的自然美而形成独特的风格，如图 8-7 所示。

1．造型

明代家具局部与局部的比例、装饰与整体形态的比例，都极为匀称而协调。如椅子、桌子等家具，其上部与下部、局部与局部之间，高低、长短、粗细、宽窄，都令人感到无可挑剔地匀称、协调，表现出简练、质朴、典雅、大方之美。

2．结构

明代家具的榫卯结构，极富科学性，在跨度较大的局部之间，镶以牙板、牙条、圈口、券口、矮老、霸王枨、罗锅枨、卡子花等，既美观，又加强了牢固性。时至今日，经过几百年的变迁，明代家具仍然牢固如初，可见传统的榫卯结构，具有很高的科学性。

3．装饰

明代家具的装饰手法，可以说是多种多样的，雕、镂、嵌、描，都为所用。装饰用材也很广泛，珐琅、竹、牙、玉、石等，样样不拒，但是，绝不贪多堆砌，也不曲意雕琢，而是根据整体要求，作恰如其分的局部装饰。

4．木材

明代家具充分利用木材的自然纹理，发挥硬木材料本身的自然美，这是明代硬木家具的又一突出特点。明代硬木家具用材，多数为黄花梨、紫檀等。这些高级硬木，都具有色调和纹理的自然美。工匠们在制作时，除了精工细作之外，不加漆饰，不作大面积装饰，充分发挥、充分利用木材本身的色调、纹理的特长，形成自己特有的审美趣味，形成自己的独特风格。

图8-7　明代家具风格

【知识拓展】

明代家具用材，可分细木、柴木两大类。紫檀、花梨、铁力木、红木、乌木、楠木等均属细木，除楠木外又称硬木。榆木、榉木、杉木等都属柴木。从全国各地家具制造业和广大用户的使用情况看，漆木家具占比重最大，但因为硬木坚固，容易保存，所以传世家具以硬木为多。

8.1.6　清代家具风格

家具制造在清朝中期呈放异彩，各地形成不同的地方特色，依其生产地分为苏作、广作、京作。苏作大体继承明式家具的特点，不求过多装饰，重凿和磨工，制作者多为扬州艺人；广作讲究雕刻装饰，重雕工，制作者多为惠州海丰艺人；京作的结构用鳔，镂空用弓，重蜡工，制作者多为冀州艺人。清代乾隆以后的家具，风格大变，在统治阶级的宫廷、府第，家具已成为室内设计的重要组成部分。

清代家具有很多前代们没有的品种和样式，造型更是变化无穷，在形式上还常见仿竹、仿藤、仿青铜，甚至仿假山石的木制家具，也有竹制、藤制、石制的仿木质家具。在选材上，清式家具推崇色泽深、质地密、纹理细的珍贵硬木，以紫檀木为首选。在结构制作上，为保证外观色泽纹理一致，也为了坚固牢靠，往往采取一木连作，而不用小木拼接。注重装饰是清式家具最显著的特征，最多采用的装饰手法是雕饰与镶嵌。雕饰手法借鉴了牙雕、竹雕、漆雕等技巧，刀工细致入微，磨工百般考究；镶嵌手法将不同的材料按设计好的图案嵌入器物表面，家具上嵌木、嵌竹、嵌石、嵌瓷、嵌螺钿、嵌珐琅等，花样翻新，千变万化，如图 8-8 所示。

图8-8　清代家具风格

【知识拓展】

清式家具中，采用西洋装饰图案或手法者占有相当比重，尤以广式家具更为明显。受西洋影响的清式家具大约有两种形式：第一种是采用西洋家具的样式和结构，早期这类家具虽有部分出口，但未能形成规模，清末这种“洋式”再度流行，大多不中不西，做工粗糙，难登大雅之堂；第二种则是采用传统家具造型、结构，部分采用西洋家具的式样或纹饰，如传统的有束腰椅，以西洋番莲图案为雕饰等。

8.1.7　现代家具风格

19 世纪中叶，机械加工业的不断发展，新材料、新工艺的不断产生，促使设计师改变旧的设计模式，寻找适应工业化生产，适应新材料、新工艺的新家具设计风格。现代家具的发展大致可分为以下几个阶段：19 世纪后期至第一次世界大战前是现代家具的探索及产生的时期；第一次世界大战至第二次世界大战前是现代家具成熟和进一步发展的时期；第二次世界大战后至 20 世纪 60 年代是家具高度发展的时期；20 世纪 70 年代至今是科技高速发展、面向未来的多元时期。

8.2　家具在室内环境中的作用

家具在室内环境中具有实用和美观双重功效，是维持人们日常生活、工作、学习和休息的必要设施。室内环境只有在配置了家具之后，才具备它应有的功能。特别是在建筑空间确定之后，家具便成为室内环境的主要构成因素和体现者，对于室内空间分隔与环境气氛创造起着极其重要的作用。

8.2.1　明确使用功能，识别空间性质

建筑室内为家具的设计、陈设提供了一个限定的空间，在这个空间中，家具就是去合理地组织安排室内空间的设计。不同的家具可以围合出不同用途的空间区域和组织出人们在室内的行动路线，如沙发、茶几、灯饰、组合电器及装饰柜，组成起居、娱乐、会客、休闲的空间；餐桌、餐椅、酒柜组成餐饮空间；整体化、标准化的现代厨房，组成备餐、烹饪空间；电脑工作台、书桌、书柜、书架，组成书房、家庭工作空间；会议桌、会议椅组合成会议空间。在一些宾馆大堂中，由于不希望有遮挡视线的分隔，但又要满足宾客的等待、会客、休息等功能要求，常常用沙发、茶几、地毯等共同围合多个休息区域，在心理上划分出相对独立、不受干扰的虚拟空间，从而改变了大堂空旷的空间感觉。

8.2.2　分隔空间，丰富室内造型

在现代建筑中，框架结构的建筑越来越普及，建筑的内部空间越来越大、越来越通透，如具有通用空间的办公楼、具有灵活空间的标准单元住宅等，墙的空间隔断作用越来越多地被家具所替代。选用的家具一般具有适当高度和视线遮挡的作用，如整面墙的大衣柜、书架，或各种通透的隔断与屏风，大空间办公室的现代办公家具组合屏风和护围，组成互不干扰又互相连通的具有写字、电脑操作、文件储藏、信息传递等多功能的办公单元，有效地利用了空间组合的灵活性，大大地提高了室内空间的利用率，同时也丰富了建筑室内空间的造型。

【知识拓展】

对于室内设计中由于空间界面的确定而造成功能的不足可由家具来弥补。一个大的室内空间，往往根据需要划分出一些小空间，家具是最灵活的方式之一。屏风是中国传统建筑室内空间分隔的主要手段，一直沿用到现在，我们还可以在中餐厅里看见用屏风来划分不同的用餐区，既可保证不同区域相互间不受干扰，又可在不需要时很方便地撤掉形成一个大空间。格拉斯学派的代表麦金托什设计的高背椅，在就餐时自然形成一个高135厘米的矮屏障，减少了空间尺度，密切了餐桌上的家庭气氛。

8.2.3　装饰空间，营造空间氛围

家具是有实用性的艺术品，室内家具的材质、色彩、造型在室内空间中扮演着举足轻重的角色。任何一件家具都是为了一定的功能目的设计的，都将在室内空间中发挥不同的视觉效果，室内面貌在某种程度上被家具的造型、色彩和质地所左右。家具是体现室内气氛和艺术效果的主要角色。其本身造型和它的布置形式给室内环境带来了特定的艺术氛围和艺术效果，并且有相当大的观赏价值。如明代家具作为陈设艺术品，其使用功能已成为次要的，而精神功能已成为主要的，它传达了一个民族的文化环境氛围。

不同的室内环境要求不同的家具造型风格来烘托室内气氛。空间大小由外部建筑环境决定，并不是每个界面都可以根据室内设计随意更改。室内设计应充分考虑空间大小以选择及布置家具。在一个较小的空间中，家具尺寸不宜过大，否则会使原本不大的空间显得更沉闷、压抑。家具的布置可采用悬吊式，如厨房的吊柜；嵌入式，如衣柜。尽量减少家具的密度，提供人们更大、更方便的活动环境。而在一个大的空间环境，家具尺度相应增大，以削弱大空间给人们带来的空旷感。尺度较小的家具，与大的空间环境形成强烈反差，使整个室内环境极不协调。每一项室内设计都应符合环境的特定功能要求，根据这个空间的功能来选择家具。家具的设计与配置必须与室内空间设计相协调，以满足人们的实用需求和精神需求，努力营造出和谐统一的完美的生活环境。

8.3　室内陈设设计

室内陈设设计是室内装饰设计的组成部分，是继家具之后的又一室内重要内容，其范围更加广泛，形式也是多种多样，随着时代的发展而不断变化。陈设艺术应用得当，可以创造舒适、温馨、和谐、丰富多彩的人性化空间，使居住者的心理和生理都能得到满足，使得陈设艺术可以在一个整体的环境中完美呈现。

【知识拓展】

陈设品是指用来美化或强化环境视觉效果的、具有观赏价值或使用价值的物品。换句话说，只有当一件物品在具有观赏价值或使用价值的同时具备被摆设（或陈列）的观赏条件时，该物品才能被称作陈设品。

8.3.1　常用的室内陈设品

1．字画

我国传统的字画陈设表现形式，有楹联、条幅、中堂、匾额以及具有分隔作用的屏风、纳凉用的扇面、祭祀用的祖宗画像等。所用的材料也丰富多彩，如有纸、锦帛、木刻、竹刻、石刻、贝雕、刺绣等。我国传统字画至今在各类厅堂、居室中广泛应用，并作为表达民族形式的重要手段。西洋画的传入以及其他绘画形式，丰富了绘画的品类和室内风格的表现。字画是一种高雅艺术，也是广为普及和为居住者所喜爱的陈设品，可谓装饰墙面的最佳选择。字画的选择需要考虑内容、品类、风格以及幅画大小等因素，例如现代派的抽象画和室内装饰的抽象风格十分协调。

2．摄影作品

摄影作品是一种纯艺术品。由于摄影能真实地反映当地当时所发生的情景，因此某些重要的历史性事件和人物写照，常成为值得纪念的珍贵文物，因此，它既属于摄影艺术品又属于纪念品。摄影和绘画的不同之处在于摄影只能是写实的和逼真的。少数摄影作品经过特技拍摄和艺术加工，也有绘画效果，因此摄影作品的一般陈设和绘画基本相同。

3．雕塑

瓷塑、钢塑、泥塑、竹雕、石雕、木雕、玉雕、根雕等是我国传统的工艺品之一，题材广泛，内容丰富，流传于民间和宫廷，是常见的室内摆设，现代雕塑的形式更多，有石膏、合金等。雕塑反映了个人情趣、爱好、审美观念、宗教意识等，其感染力常胜于绘画的力量。雕塑的表现还取决于光照、背景的衬托以及视觉方向。

4．盆景

盆景在我国有着悠久的历史，是植物观赏的集中代表，被称为有生命的绿色雕塑。盆景的种类和题材十分广泛，一棵树桩盆景，老根新芽，充分表现植物的刚健有力，苍老古朴，充满生机；一盆浓缩的山水盆景，可表现崇山峻岭、湖光山色、亭台楼阁、小桥流水，千里江山，尽收眼底，可以得到神思卧游之乐。

5．工艺美术品

工艺美术品的种类和用材更为广泛，有竹、木、草、藤、石、泥、玻璃、塑料、陶瓷、金属、织物等。有些本来就是属于纯装饰性的物品，如挂毯之类；有些是将一般日用品进行艺术加

工或变形而成，旨在发挥其装饰作用和提高欣赏价值，而不在实用。这类物品常有地方特色以及传统手艺，如不能用以买菜的小篮、不能坐的飞机等，常称为玩具。

6．个人收藏品和纪念品

室内陈设的选择，往往以居住者个人的爱好为转移，不少人有收藏的爱好，如收藏邮票、钱币、字画、金石、钟表、古玩、书籍、乐器、兵器以及各式各样的纪念品、收藏品，这里既有艺术品也有实用品。这些反映不同爱好和个性的陈设，使室内空间各具特色。

7．日用装饰品

日用装饰品是指日常用品中，具有一定观赏价值的物品，它和工艺品的区别是，日用装饰品，主要还是在于其实用性。这些日用品的共同特点是造型美观、做工精细、品位高雅，在一定程度上具有独立欣赏的价值。因此，不但不必收藏起来，而且还要放在醒目的地方去展示它们，如餐具、烟酒茶用具、植物容器、电视音响设备、日用化妆品、灯具等。

8．织物陈设

织物陈设，除少数作为纯艺术品外，如壁挂、挂毯等，大量作为日用品装饰，如窗帘、台布、桌布、床罩、靠垫、家具等蒙面材料。它的材质形色多样，使用灵活，便于更换，使用极为普遍。由于它在室内所占的面积比例很大，对室内效果影响极大，因此是一个不可忽视的重要陈设。

8.3.2 陈设品的选择

现代室内陈设品的品种、功能非常广泛。诸如此类的室内陈设品，它布置在室内时，最值得我们重视的是要考虑室内设计的整体美学效果。这是选择室内陈设品的关键所在。

【小贴士】

室内空间有不同的风格，如古典风格、现代风格、中国传统风格乡村风格、朴素大方的风格、豪华富丽的风格……陈设品的合理选择对室内环境风格起着强化的作用。因为陈设品本身的造型、色彩、图案、质感均具有一定的风格特征，所以，它对室内环境的风格会进一步加强。

在设计时，不但要确定艺术品的造型和放置位置，还应对它的主题和表现手法提出具体要求，以反映空间的个性和氛围。那么，对于室内陈设品的选择应考虑哪些因素呢？

第一，陈设品的造型和图案要与室内风格相协调。对陈设品质感的选择应从室内整体效果出发，不可杂乱无序。原则上，同一空间宜选相同或类似的陈设品以取得统一的效果，如图8-9所示。

第二，陈设品的色彩要与室内色调相和谐。大陈设品的色彩在环境中主要起到活跃室内气氛的作用。所以大部分陈设品处于“强调色”的地位，其他一些大面积的织物装饰品如窗帘、地毯等可作为背景色。这类陈设品宜选择一些有统一感，与室内本身的环境相协调的色彩。这样，环境中有了背景色、强调色的相互巧妙搭配，室内空间就显得丰富活泼，如图8-10所示。

图8-9　陈设品造型与室内风格协调

图8-10　陈设品色彩与室内风格协调

第三，陈设品材质的选择要慎重，因为不同材质和肌理的陈设，将会给人带来不同的视觉和心理感受，如：木质——自然，石材——粗糙，玻璃、金属——光洁，如图 8-11 所示。

图8-11　金属材质陈设品

第四，陈设品的布置方式要以保证室内空间交通线路的通畅为原则。

第五，应考虑到陈设品的文化特征。不同地域、不同职业、不同文化程度、不同爱好的人，对陈设品的民族文化特征的选择各不相同，可以说对它的选择最能体现设计者与室内居住者的个性品质和精神内涵。

另外需要注意的是，在布置室内陈设品时，应考虑对陈设品的保护问题，例如，布置油画、粉画等的场所需要防潮、防阳光曝晒和直射；草编工艺品则应布置在不受阳光久晒的地方，以免变色发脆；玻璃器皿、陶瓷制品的布置地点要注意防跌，避免震动，要安全。

【知识拓展】

一般地说，室内的陈设品大致有三种基本类型，即“实用型装饰品”“装饰型装饰品”和两者兼有的“实用装饰型装饰品”。室内陈设品种类繁多，不拘形式，常用的有古玩、书籍、乐器、字画、雕塑、插花、绿色植物、织物（如壁挂、窗帘、台布、床罩等）、日用器皿、家用电器及其他小物品等。

8.3.3 陈设方法

1．墙面陈设

客厅装饰的重点在于墙面，墙面陈设以不具有体积感的美术作品和工艺品为主要陈设对象。

1) 组合式

组合式的装饰方法，由一组画构成装饰效果，装饰中心是一幅主画，这样能起到突出中心、主次分明的视觉效果，如图 8-12 所示。

2) 错落式

这是一种以错落式画框来装饰墙面的方法。画框大小凭借几何图案的原理，既突出整体的效果，又具有单个叙述的功能，如图 8-13 所示。

图8-12 组合式

图8-13 错落式

3) 平行式

这是以平行排列方式的图案来起到装饰效果，简洁明了，爽利干脆。当然排列方式可变，既可平行，也可竖挂，总之这种方式在构图上含有古典的对称工整的意味。值得注意的是，这类图画的内容选择应尽量轻松活泼，若写意的因素多于工笔，会不经意地对规整的装饰起到一定的颠覆作用，如图 8-14 所示。

4) 格架式

做一个现代格架安装在墙面上，强化墙面的装饰作用。格架形状可以是传统的，即多边且多变的博古架；也可以是现代的，即边线统一、拒绝变化。格架式适合单独或综合陈列数量较多的书籍、古董、工艺品、纪念品、器皿和玩具等陈设品，如图 8-15 所示。

图8-14　平行式

图8-15　格架式

【知识拓展】

墙面陈设一般以平面艺术为主，如书、画、摄影、浅浮雕等，或小型的立体饰物，如壁灯、弓、剑等。常见的也有将立体陈设品放在壁龛中，如花卉、雕塑等，并配以灯光照明，也可在墙面设置悬挑轻型搁架以存放陈设品。

2．桌面陈设

桌面上的陈设布置往往依据功能的需要和家具的造型及特征进行设计，选用与家具面形状、色彩和质地相协调的陈设物，不仅能起到画龙点睛的作用，往往还有烘托气氛、营造特殊空间效果的功能，如图 8-16 所示。

图8-16　桌面陈设

桌面陈设包括各式桌、茶几、边柜、化妆台等桌面空间，适用于桌面陈设的陈设品包括灯具、烛台、茶具、咖啡具、烟具等器物，以及雕刻、玩具、插花等艺术品或工艺品。

3．落地陈设

落地陈设一般是大型陈设物，如雕塑、古董瓷物、绿化盆景、灯具等，常直接布置在地上，以其体量和造型引人注目，也应当注意大型落地陈设不应妨碍正常工作和交通，而且最好不要形成仰视的视觉效果，如图 8-17 所示。

4. 悬挂陈设

悬挂陈设一般在空间层高的厅室里进行，常悬挂抽象金属雕塑、吊灯等，以弥补空间空旷不足为目的。灯具的造型和光照的角度吸引人们的视线，并通过光源、灯具的色彩和造型，丰富了空间形象，如图 8-18 所示。

图8-17　落地陈设

图8-18　悬挂陈设

【知识拓展】

从天花板或屋顶垂吊下来的没有落地连接的陈设品。这些陈设品最大的好处就是不会占用生活的空间，对人们的生活不会造成影响。把陈设品在空中进行悬挂，可以丰富空间的层次，更能造成视觉的冲击力。但出于安全性的考虑，悬挂的东西体积和重量都不能过大，丝织物、纸类、轻金属制成的空间雕塑等成为首选。

8.4　人体工程学

人体工程学主要研究科技和空间环境与人类之间的交互作用。在实际的工作、学习和生活环境中，人体工程学者应用科学知识进行设计，以达到人类安全、舒适、健康、提高工作效率的目的。

8.4.1　人体工程学的定义

人体工程学起源于欧美，最早是在工业社会大量生产和使用机械设施的情况下，探求人与机械之间的协调关系，作为独立学科已有 40 多年的历史。第二次世界大战中的军事科学技术，开始运用人体工程学的原理和方法，如在坦克、飞机的内舱设计中，加入使人在舱内有效

地操作和战斗，并尽可能使人长时间地在小空间内减少疲劳的人体工程学设计，即处理好：人—机—环境的协调关系。第二次世界大战后，各国把人体工程学的实践和研究成果，迅速有效地运用到空间技术、工业生产、建筑及室内设计中去，1960年创建了国际人体工程学协会。

人体工程学联系到室内设计，含义是以人为主体，运用人体计测学、生理及心理测量等手段和方法，研究人体结构功能、心理、力学等方面与室内环境之间的合理协调关系，以适合人的身心活动要求，取得最佳的使用效能，其目标应是安全、健康、高效能和舒适等各层次的需求，实现“人—机—环境”的和谐共存。

8.4.2 人体工程学与室内装饰设计的关系

在室内装饰设计中，人的基本行为是行走与观看，因此了解人体在室内空间中的行为状态和适应程度，是确定室内装饰设计的依据，而这个依据就是人体工程学。

1. 室内装饰设计需符合人体尺度要求

室内装饰设计需要带给人舒适且美观的感受，表现在人体工程学方面，必须考虑到人的外部形态特征、人的动作形态特征和人的体能极限等因素的影响。在设计这些人们所需的室内空间范围时，必须清楚人体活动需要多大的活动面积、有多少人活动在这个空间里、与其相关的家具、陈设需要的空间尺度等，如此才能使人、物、空间在设计中达到和谐。如果不考虑人体尺度，人在该空间是无法正常地工作、学习、生活的，因为这样的空间会存在若干问题，比如使用不符合人体尺度的桌椅、在不符合人体尺度的床上休息、使用不符合人体尺度的厨房操作台面等，将会严重影响身心健康，为居住者的生活带来不便。因此在进行室内装饰设计时，一定要充分考虑人体尺度的要求。

2. 室内装饰设计要适应人的视觉规律

室内装饰设计的沟通和传达在很大程度上取决于视觉因素，人的认知过程中，大约80%的信息是靠视觉得到的，所以对人的视觉特征的了解直接关系到室内装饰设计的成败。

首先介绍一下视距。视距是指眼睛到被视物体之间的直线距离。一般来说，经过一段适应过程，人眼的机能才能在需要的距离上自动把目光集中在展示物上。据研究得出：眼睛到展示物的最小距离为33～40.6cm，最佳距离为45.7～55.9cm，最大距离为71.7～73.7cm。值得注意的是，这些视距范围是近似值，且随着展示物的大小和照明条件而变化。

其次介绍一下视错觉。视错觉是由于人眼的特殊生理构造，所得到的视觉感受与实际状况存在一些差异。比如存在长短错觉、弯曲错觉、大小错觉、对比错觉、透视错觉和远近错觉等，我们可以恰当、巧妙地利用人的视觉错觉，对空间加以设计，给居住者以美观、舒适感。所以设计者需要熟练掌握各种视错觉规律，并且有目的地去应用。

8.4.3 人体尺寸

人体尺寸可以分为两大类，即构造尺寸和功能尺寸。

1. 构造尺寸

人体构造尺寸是指静态的人体尺寸，它是人体处于固定的标准状态下测量的。可以测量许多不同的标准状态和不同部位，如手臂长度、腿长度、座高等，它对与人体直接关系密切的物体有较大的关系。

2．功能尺寸

功能尺寸是指动态的人体尺寸，是人在进行某种功能活动时肢体所能达到的空间范围，它在动态的人体状态下测得，是由关节的活动、转动所产生的角度与肢体的长度协调产生的范围尺寸，它对于解决许多带有空间范围、位置的问题很有用。虽然结构尺寸对某些设计很有用处，但对于大多数的设计问题，功能尺寸可能更有广泛的用途，因为人总是在运动着，也就是说人体结构是一个活动可变的，而不是保持一定僵硬不动的结构，所以说结构尺寸和功能尺寸是不相同的。

【知识拓展】

人体尺度，即人体在室内完成各种动作时的活动范围。设计人员要根据人体尺度来确定门的高宽度、踏步的高宽度、窗台阳台的高度、家具的尺寸及间距、楼梯平台、家内净高等室内尺寸。

8.4.4　百分位的概念

人的人体尺寸有很大的变化，它不是某一确定的数值，而是分布在一定的范围内。如亚洲人的身高是 151 ～ 188 厘米这个范围，但我们在设计时只能用一个确定的数值，而且不能直接使用平均值，如何确定使用的数值就是百分位的方法要解决的问题。

百分位是指具有某一人体尺寸和小于该尺寸的人占统计对象总人数的百分比。

大部分的人体测量数据是按百分位表达的，把研究对象分成 100 份，根据一些指定的人体尺寸项目 (如身高)，从最小到最大顺序排列，进行分段，每一段的截至点即为一个百分位。例如我们若以身高为例：第 5 百分位的尺寸表示有 5% 的人身高等于或小于这个尺寸。换句话说，就是有 95% 的人身高高于这个尺寸。第 95 百分位则表示有 95% 的人等于或小于这个尺寸，5% 的人具有更高的身高。第 50 百分位为中点，表示把一组数平分成两组，较大的 50% 较小的 50%，第 50 百分位的数值可以说接近平均值，如图 8-19 ～图 8-21 所示。

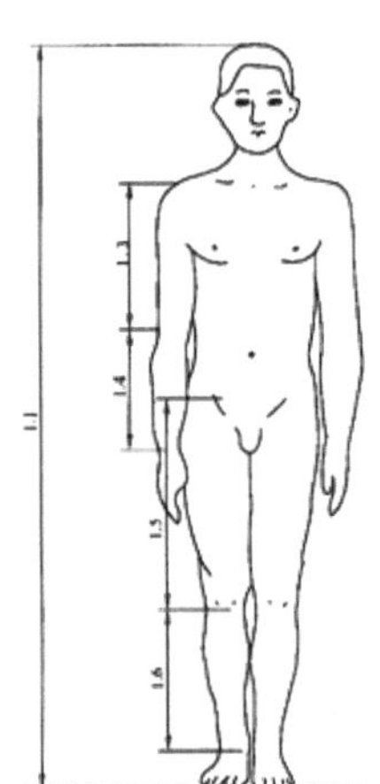

百分位数	男（18～60岁）							女（18～55岁）						
	1	5	10	50	90	95	99	1	5	10	50	90	95	99
1．1身高	1543	1583	1604	1678	1754	1755	1814	1449	1484	1503	1570	1640	1659	1697
1．2体重（kg）	44	48	50	59	71	75	83	39	42	44	52	63	66	74
1．3上臂长	279	289	294	313	333	338	349	252	262	267	284	303	308	319
1．4前臂长	206	216	220	237	253	258	268	185	193	198	213	229	234	242
1．5大腿长	413	428	436	465	496	505	523	387	402	410	438	467	476	494
1．6小腿长	324	338	344	369	396	403	419	300	313	319	344	370	376	390

图8-19　人体主要尺寸

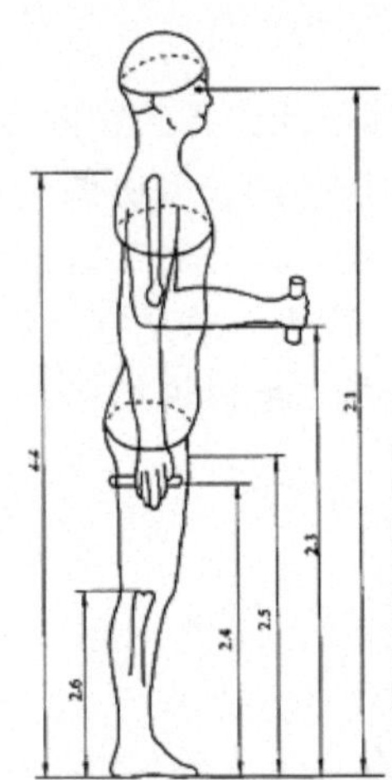

百分位数	男（18～60岁）							女（18～55岁）						
	1	5	10	50	90	95	99	1	5	10	50	90	95	99
2. 1眼高	1436	1474	1495	1568	1643	1664	1705	1337	1371	1388	1454	1522	1541	1759
2. 2肩高	1224	1281	1299	1367	1437	1455	1494	1166	1195	1211	1271	1333	1350	1485
2. 3肘高	925	954	968	1024	1079	1096	1128	873	899	913	960	1009	1023	1050
2. 4手功能高	656	680	693	741	787	801	828	630	650	662	704	746	757	778
2. 5会阴高	701	728	741	790	840	856	887	673	673	686	732	779	792	819
2. 6胫骨点高	394	409	417	444	472	481	498	377	377	384	410	437	444	459

图8-20　立姿人体尺寸

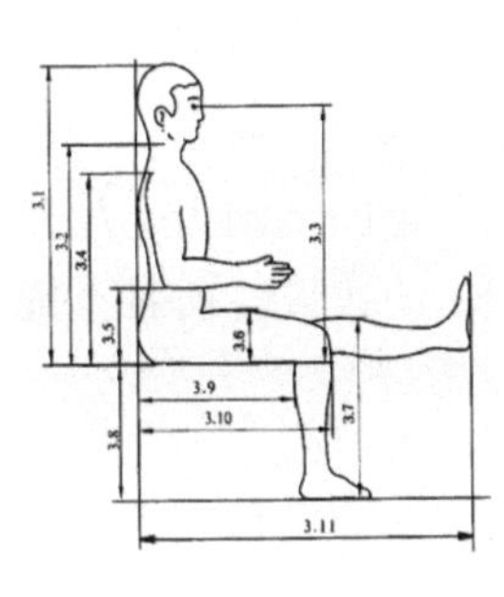

百分位数	男(18～60岁)							女(18～55岁)						
	1	5	10	50	90	95	99	1	5	10	50	90	95	99
3.1 坐高	836	858	870	908	947	958	979	789	890	819	855	891	901	920
3.2 坐姿颈椎点高	599	615	624	657	691	701	719	563	579	587	617	648	657	675
3.3 坐姿眼高	729	749	761	798	836	847	868	678	695	704	739	773	783	803
3.4 坐姿肩高	539	557	566	598	631	641	659	504	518	526	556	585	594	609
3.5 坐姿肘高	214	228	235	263	291	298	312	201	215	223	251	277	284	299
3.6 坐姿大腿厚	103	112	116	130	146	151	160	107	113	117	130	146	151	160
3.7 坐姿膝高	441	456	464	493	525	532	549	410	424	431	458	485	493	507
3.8 小腿加足高	372	383	389	413	439	448	463	331	342	350	382	399	405	417
3.9 坐深	407	421	429	457	486	494	510	388	401	408	433	461	469	485
3.10臀膝距	499	515	524	554	585	595	613	481	495	502	529	561	560	587
3.11坐姿下肢长	892	921	937	992	1046	1063	1096	826	851	865	912	960	975	1005

图8-21　坐姿人体尺寸

统计学表明，任意一组特定对象的人体尺寸，其分布规律符合正态分布规律，即大部分属于中间值，只有一小部分属于过大和过小的值，它们分布在范围的两端。在设计上满足所有人的要求是不可能的，但必须满足大多数人。所以必须从中间部分取用能够满足大多数人的尺寸数据作为依据，因此一般都是舍去两头，只涉及中间90%、95%或99%的大多数人，排除少数人。应该排除多少取决于排除的后果情况和经济效果。

8.5　人体工程学与家具设计

家具产品本身是为人的使用而服务的，所以家具设计中的尺度、造型、色彩及其布置方式都必须符合人体生理、心理尺度及人体各部分的活动规律，以便达到安全、高效、实用、方便、健康、舒适、美观的目的。

8.5.1　座椅的设计

座椅使用的历史悠久，无论是工作、生活还是娱乐、学习，都离不开座椅，因此座椅的

研究设计受到了广泛的重视。理想的座椅是人坐上去时，体量能均衡分布，大腿平放，两脚着地，上臂不负担身体重量，肌肉放松。工作时使用这样的座椅，可减少疲劳，提高工作效率，并给人以舒适感。因此座椅在设计上，应该考虑座椅的结构形式、几何参数与人体坐态生理特征、体压分布的关系问题。

1．人体坐态生理特征

要想了解何种坐姿可以获得舒适和不易疲劳的生理反应，就有必要了解人体脊柱的组织结构、腰曲变形及舒适的坐姿生理要求。

脊柱位于人体背部中央，是上体的主要支柱，椎骨由上而下逐渐变粗大，腰椎承担体重最大，故也最粗大。舒适的坐态生理，应保证腰区弧形处于正常状态，因此一般靠背倾斜角度为 5 ～ 10 度的座椅人体感觉较为舒适。

【知识拓展】

当处于非自然姿势时，椎间盘内压力分布不正常，形成的压力梯度，严重的会将椎间盘从腰椎之间挤出来，压迫中枢神，产生腰部酸痛、疲劳等不适感。躯干完全挺直的坐姿使脊椎严重弯曲，因椎间盘上压力不能正常分布，身体上部的负荷加在腰椎部，引起不适，因此 90 度角的靠背椅是不良的设计。

2．座椅的几何参数

座椅的几何参数主要有座高、座宽、座深、座靠背、扶手高等。

坐高是指座前缘至地面的垂直距离，即座面前缘高度。座面高度应使坐着的人大腿近似水平，小腿自然垂直，脚掌平放在地面上，既保证不因座面过高而使大腿受压，又保证不因座面过低而增加背部肌肉负荷。因此，座高应以小腿＋足高的第 5 百分位设计，即座高＝小腿＋足高＋鞋底厚度，且座椅因用途不同，座面高度也不相同。

坐宽是指座面的横向宽度。在允许条件下，以宽为好，可方便就坐者变换姿势。通常以女性臀宽尺寸的第 95 百分为数据进行设计，如果是成排的椅子，还必须考虑肘与肘的宽度，若穿着特殊的衣服，应增加适当的间隙。

坐深是指椅面前后的距离。其尺寸应满足三个条件：使臀部得到充分支持、腰部得到靠背的支持、椅前缘与小腿间留有适当距离，以保证大腿肌肉不受挤压，小腿可以自由活动。座太深，腰部肌肉处于紧张状态，双脚易翘起，坐姿显得懒散；座深太浅，坐不稳，缺乏安全感。

扶手高度不宜过高，以免引起肩部疼痛，可根据座椅使用用途不同区别对待，例如休息椅扶手高度可取座面以上 200 ～ 230mm，两扶手间距 500 ～ 600mm。

8.5.2　工作面的设计

工作面是指作业时手的活动面，可以是台面，也可以是键盘面等作业区域。

作业区设计主要依据人体尺寸的测量数据，而作业性质、生理、心理等因素也会影响作业区的设计，所以作业面的高度及台面尺寸是决定人们工作时身体姿势的重要因素。

1. 工作面高度

工作面高度是由人体肘部高度决定的，而不是由地面以上的高度决定的，工作面的最佳高度略低于人体的肘部。不正确的工作面高度将影响工作者的姿势，引起身体歪曲，以致腰酸背痛。不论是坐着工作还是站立工作，都存在着一个最佳工作面高度的问题。工作面高度按基本作业姿势可分为站立作业和坐姿作业：站立作业工作面高度决定于手的活动面高度，男性最佳作业面为 950 ～ 1000mm，女性最佳作业面为 880 ～ 930mm；坐姿作业工作面高度以在肘高以下 50 ～ 100mm 为宜。

2. 工作面水平尺寸

工作者采用立姿或坐姿作业时，上肢在水平面上移动形成的轨迹所包括的区域称为水平工作区域。一般办公桌水平尺寸为 600×1200mm、600×1400mm、700×1400mm。

8.5.3 床的设计

睡眠是每个人每天都需要进行的一项生理过程。人的一生大约有 1/3 的时间是在睡眠中度过的，睡眠是一种最好的休息方式。而与睡眠直接相关的家具是床，因此床的设计是非常重要的，床设计的好坏会直接影响到人的工作及休息，直接影响人的生活质量和健康。

【知识拓展】

卧姿状态下，与床垫接触的身体部分受到挤压，其压力分布状况是影响睡眠舒适感的重要因素。因为有的部位感觉灵敏，而有的部位感觉迟钝，迟钝部位的压力应相对大一些，灵敏部位的压力应相对小一些，这样才能使睡眠状态良好。

1. 床的尺寸

床的基本功能是使人躺在上面舒适地睡眠、休息。因此床的尺寸必须考虑床与人体的关系，床的具体设计尺寸，需要从床宽、床长、床高三方面考虑。

床宽——床的宽窄直接影响人们的睡眠质量，床越窄，人的睡眠深度就越浅，而且人睡眠时的活动需要占据一定的空间，所以通常床宽约为人体仰卧时肩宽的 2 ～ 3 倍。单人床宽一般 900 ～ 1200mm，双人床宽为 1350mm、1500mm、1800mm、2000mm。

床长即床板前后距离。床长 =95% 身高 ×1.05+ 头上余量 + 脚下余量。一般床长在 1950 ～ 2000mm 范围，过短长度不够，脚伸在床外；过长则浪费空间及材料。

床高——床的高度应该与座高一致，以满足坐在床上的需要，一般为 450 ～ 500mm。双层床高度：上、下层净高 1120mm，总净高不小于 3000mm。

2. 床面材料

床面材料的软硬程度同样直接影响人的睡眠质量。硬床使人体重量压力在床上分布不均匀，集中在几个小区域，易造成局部肌肉压力过大、血液循环不好等问题。铺上床垫以后，硬度就减少，接触面积增大，局部压力减少，所以睡起来较舒适。但床也不是越软越好，正

常人仰卧和直立时，脊椎形状均为S形自然弯曲，后脊及腰部的曲线也随之起伏，人躺下后，重心在腰部附近，如果床太软，由于重力的作用，腰部会下沉，造成腰椎曲线变形，腰背部肌肉受力，影响睡眠。所以床面材料设计，最好不要太硬，也不要太柔软，舒适即可。

【案例8-1】

田军工作室——俏江南北京裕翔欧陆店

俏江南裕翔欧陆店位于北京顺义空港城欧陆广场4层，与中国国际展览中心新馆相向而居，营业面积为2000平方米。该店沿袭了俏江南时尚创新的设计特色，店内饰品大多以木质、瓷器、丝绸等为材料，大量采用隔窗、瓷珠帘、瓷马等极具中国特色的元素进行装饰，并赋予现代感的创新设计，构成了整个店面的独特氛围，如图8-22、图8-23所示。

餐厅给人的整体感觉是简约而现代的，但是仔细观察不难发现，其中包含了很多中国元素。餐厅以独具江南园林韵味的小桥流水作为入口，灰黄色调中一株盛开的桃花点缀其间，令人眼前一亮。餐厅中以中国传统的兰花图案为装饰母题，这一图案反复出现在椅子、雕塑马、装饰瓷盘、墙面等处；墙面使用手工拉成细丝的松木和苏州丝绸作为装饰材料，以极其复杂的工艺重新诠释中国传统材料，使其成为一种独特的设计语言；用菱形和方形木格叠加的隔窗分割空间，让人联想到中国的花窗；大厅中的瓷马和其后的座位则象征了中国古代的铜马车。但是无论是青花瓷、官帽椅、小桥，还是陈设物品，都在中国古典形式的基础上进行了抽象和简化，赋予它们以现代感，并且具有了一种含蓄的张力——不露锋芒，但却耐人寻味。

图8-22 俏江南裕翔欧陆店(1)

08

图8-23 俏江南裕翔欧陆店(2)

【案例分析】

整个设计以暖灰色作为主色调，丰富的明暗关系为简单的故事添加了舒缓的节奏。单色系的空间安静而优雅，更接近东方的人文气质。老照片一样的暖灰色涂料、地板，朴实低调，忧郁伤感，如同古老的琴声一样娓娓倾诉；中国特有的青花瓷，清新脱俗，简约大方，营造出安静而恬淡的感觉。

不同于时下很多充斥着浮夸和烦琐细节的餐厅设计，也不同于那些以标榜地中海风格、日本风格等吸引眼球的做法，或是纯粹模仿中国古代风格的平庸之作，在这个设计中，设计师用中国特有的材质、空间、色彩和审美，向我们讲述了一个安静、缠绵、略带忧伤的中国式故事。

(摘自：http://www.idc.net.cn/alsx/canyinyuba/3738.html)

本章小结

室内装饰设计的目的是创造一个更为舒适的工作、学习和生活环境。由于家具是建筑室内空间的主体，人类的工作、学习和生活在建筑空间中都是以家具来演绎和展开的，无论是生活空间还是工作空间、公共空间，在建筑室内设计上都是要把家具的设计和配套放在首位，家具是构成室内空间风格的主体，然后再顺序考虑天花、地面、墙、门、窗各个界面的设计，加上灯光、布艺、艺术品陈列、现代电器的配套设计、综合运用现代人体工学、现代美学、现代科技的知识，为人们创造一个功能合理、完美和谐的现代文明的室内空间。

1．家具在室内环境中的作用是什么？

2．清代家具风格是什么？

3．陈设方法有哪些？

4．人体工程学与室内装饰设计的关系是什么？

实训课题：深入赏析优秀室内设计作品。

内容：针对优秀室内装饰设计案例，深刻理解并分析室内装饰设计作品中家具与陈设的设计风格及特点。

要求：就优秀室内装饰设计经典案例的家具及陈设设计展开分析，加强对家具与陈设设计在室内环境中如何应用的理解与感悟，不少于2000字。

第9章

室内绿化设计

学习要点及目标

☆了解室内绿化的作用。
☆掌握室内绿化设计的基本原则及布置方式。
☆了解室内植物的分类及选择方法。

核心概念

绿化设计　　植物配置　　美学原则

本章导读

室内绿色净化器——绿萝

绿萝为大型常绿藤本植物，生长于热带地区，常攀援生长在雨林的岩石和树干上，可长成巨大的藤本植物。绿色的叶片上有黄色的斑块，因肥水条件的差异，其叶片的大小有别。绿萝枝繁叶茂，耐荫性好，终年常绿，有光泽。冬季，户外草木枯萎凋零，而室内的绿萝却郁郁葱葱，故它是室内观叶佳卉，如图9-1所示。

绿萝不但生命力顽强，而且在室内摆放，其净化空气的能力不亚于常春藤和吊兰。绿萝能吸收空气中的苯、三氯乙烯、甲醛等，据环保学家介绍，刚装修好的新居多通风，同时使用玛雅蓝有害气体吸附剂然后再摆放几盆绿萝，基本上就可以达到入住标准了，新铺的地板很容易产生有害物质。由于绿萝能同时净化空气中的苯、三氯乙烯和甲醛，因此非常适合摆放在新装修好的居室中。

图9-1　绿萝

除此之外，绿萝是比较常见的绿色植物，具有极强的空气净化功能，有绿色净化器的美名。绿萝能在新陈代谢中将甲醛转化成糖或氨基酸等物质，也可以分解由复印机、打印机排放出的苯，并且还可以吸收。所以，无论是在居室还是在办公室，绿萝都是净化空气的一大好手。

【案例分析】

室内绿化可以增加室内的自然气氛，是室内装饰美化的重要手段。在室内选用植物时，应首先考虑如何更好地为室内植物创造良好的生长环境，如加强室内外空间联系，尽可能创造开敞和半开敞空间，提供更多的日照条件，采用多种自然采光方式，尽可能挖掘和开辟更多的地面或楼层的绿化种植面积，布置花园、增设阳台，选择在适当的墙面上悬置花槽等，创造具有绿色空间特色的建筑体系。

9.1　室内绿化的作用

在室内装饰设计中，绿化设计的重要性日益突出。绿化设计是整体装修风格的重要组成部分，更是人体生理学和环境心理学的重要组成部分。绿色植物不仅仅是装饰，更是作为提高环境质量、满足人们心理需求不可缺少的因素，起到改善室内环境质量、组织引导空间和美化环境等重要作用。

9.1.1　净化空气

相信大家都知道，植物经过光合作用可以吸收室内大量的二氧化碳并释放出氧气，而人在呼吸过程中，吸入氧气呼出二氧化碳，从而使大气中的氧和二氧化碳的含量达到平衡。

绿色植物可以吸附大气中的尘埃使环境得以净化，同时，梧桐、大叶黄杨、夹竹桃、棕榈等某些植物可以吸收室内有害气体，而松、柏、臭椿、悬铃木、樟桉等植物的分泌物还具有杀灭细菌的作用，从而能净化空气，减少空气中的含菌量。

【小贴士】

室内绿化的首要条件是室内有充足的光照。一般利用窗的侧射光或透过玻璃顶棚的直射光，但也可利用发光装置，增加光照强度并延长光照时间。因此，室内绿化几乎不受空间位置的限制。

9.1.2　组织引导空间

利用精心设计的绿化，可以起到组织室内空间、强化空间使用的作用。

1. 联系引导室内空间

通过绿化在室内的装饰设计，可以自然过渡并明确区分室内外空间。例如，很多酒店常利用绿化的延伸联系室内外空间，起到过渡和渗透作用，通过连续的绿化布置，强化室内外空间的联系和统一。

绿化在室内的连续布置，从一个空间延伸到另一个空间，特别在空间的转折、过渡、改变方向之处，更能发挥整体效果。其方式常有：在进门处布置盆栽或小花池；在门廊的顶棚上或墙上悬吊植物；在进厅等处布置花卉树木等。这几种手法都能使人从室外进入建筑内部时，有一种自然的过渡和连续感。借助绿化使室内外景色互渗互借，可以增加空间的开阔感和层次感，使室内有限的空间得以延伸和扩大，通过连续的绿化布置，也强化了室内外空间的联系和统一，如图 9-2 所示。

图9-2　中山国贸酒店大堂

【小贴士】

在家庭装修中，绿化装饰对空间的构造也可发挥一定的作用。如根据人们生活活动需要运用成排的植物，可将室内空间分为不同的区域；攀援上格架的藤本植物可以成为分隔空间的绿色屏风，同时又将不同的空间有机地联系起来。运用植物本身的大小、高矮可以调整空间的比例感，充分提高室内有限空间的利用率。

2．分隔空间

现代建筑的室内空间设计要求更好地利用空间，越来越通透，特别是一些酒店、餐厅、办公室、展览馆、博物馆和景观房，墙的空间隔断作用已逐渐不多用了，更多地使用陈设和绿化。

利用室内绿化随时调整空间的布局和效果，不同的绿化组合，可以组成不同的空间区域，使各部分既能保持各自的功能作用，又不失整体空间的开敞性和完整性。以绿化分隔空间的范围是十分广泛的，如办公室、餐厅、宾馆大堂、博物馆展厅等，此外在某些空间或场地的交界线，如室内外之间、接待区与休息区之间、室内地坪高差交界处等，都可用绿化进行分隔。某些有空间分隔作用的围栏，如柱廊之间的围栏、临水建筑的防护栏等，也均可以结合绿化加以分隔，如图 9-3 所示。

图9-3 成都世纪城洲际酒店大堂

9.1.3 突出重点空间

在大门入口处、楼梯进出口处、交通中心或转折处、走道尽端等，既是交通的要害和关节点，也是空间中的起始点、转折点、中心点、终结点等重要视觉中心位置，是必须引起人们注意的位置，因此，常放置特别醒目的、更富有装饰效果的甚至名贵的植物或花卉，以起到强化空间、烘托重点的作用。如宾馆、酒店的大堂四周拐角处常常设计摆放一盆精心修剪过的鲜花，作为室内装饰，点缀环境；在交通中心或走廊尽端的靠墙位置，也常成为厅室的趣味中心而加以特别装饰。

【小贴士】

在现代的大型公共建筑中，室内空间往往共有很多功能。特别是在人流较为密集的情况下，人们的活动更需要给予提供明确的指示与导向。因此在空间设计中能够提供暗示和导向是很有必要的，这样有利于组织人流和提供人们的活动方向。

这里应说明的是，位于交通路线的一切陈设，包括绿化在内，必须以不妨碍交通和紧急疏散时不致成为绊脚石，并按空间的大小形状选择相应的植物。如放在狭窄的过道边的植物，不宜选择低矮、枝叶向外扩展的植物，否则，既妨碍交通，又会损伤植物，因此应选择与空间更为协调的修长的植物。

9.1.4 美化环境

绿色植物充满了蓬勃向上、充满生机的力量，引人奋发向上、热爱生活。植物生长的过程，是争取生存及与大自然搏斗的过程，其形态是自然形成的，没有任何掩饰和伪装。

在室内配置一定量的植物，使室内形成绿化空间，让居住者置身于自然环境中，享受自然风光，不论是工作还是学习、休息，都能心旷神怡，悠然自得。同时，不同的植物种类有不同的枝叶花果和姿色，例如一丛丛鲜红的桃花，一簇簇硕果累累的金橘，给室内带来喜气洋洋，增添欢乐的节日气氛。苍松翠柏，给人以坚强、庄重、典雅之感。洁白纯净的兰花，使室内清香四溢，风雅宜人，如图 9-4 所示。

图9-4 室内绿化装饰

此外，东西方对不同的植物花卉均赋予一定象征和含义，如我国喻荷花为“出淤泥而不染，濯清涟而不妖”，象征高尚情操；喻竹为“未曾出土先有节，纵凌云霄也虚心”，象征高风亮节；称松、竹、梅为“岁寒三友”，梅、兰、竹、菊为“四君子”；喻牡丹为高贵，石榴为多子，萱草为忘忧等。在西方，紫罗兰为忠实永恒；百合花为纯洁；郁金香为名誉；勿忘草为勿忘我等。

9.2 室内绿化设计的基本原则

绿色的大自然一直伴随着人类的文明与发展，随着工业化、科技化、城市化进程的加快，人们对自然的渴望与向往更为强烈，改善居住环境、进行室内绿化设计也就被越来越多的人所重视。下面就与大家探讨一下室内绿化设计的基本原则。

9.2.1 实用原则

室内绿化设计，是室内整体环境的一个重要组成部分，应当符合房屋使用功能的要求，要具有实用性，这是室内绿化装饰的重要原则。所以，室内绿化设计要根据绿化场所的性质和功能要求，从实际出发，做到绿化设计美学效果与实用效果协调统一，无论是从植物的形态、颜色、风格还是从植物的体量、大小等方面，都应与室内环境保持整体协调性。如书房，是读书和写作的场所，应以摆设清秀典雅的绿色植物为主，如文竹、兰花等，以创造一个安宁、优雅、静穆的环境，使人在学习间隙举目张望，让绿色调节视力，缓和疲劳，起镇静悦目的功效，而不宜摆设色彩鲜艳的花卉。而客厅是家人团聚、会客娱乐的空间，需要营造热烈温暖的氛围，而且一般空间较大，应选用具有一定体量的、生长旺盛的植物为宜，如图9-5所示。

图9-5 实用原则

【知识拓展】

由于植物是大自然的一部分，人们在绿色植物的环境中，即感到自身像是处在大自然中一样。将植物和小品引进室内，使室内的空间兼有外界大自然的因素，达到了内外部空间的自然过渡，使其融会贯通形成一个完整的统一体，有利于室内外空间的有机联系和相互渗透。

【知识拓展】

植物本身具有的良好的吸声作用，利用植物的这个作用，我们可以使室内的噪声适当减弱一些。如利用植物作隔离带，可以相对减弱室内不同声源的相互干扰；或将植物布置于门、窗附近，可以控制和减弱室外噪声对室内环境的干扰和影响。

9.2.2　美学原则

爱美之心人皆有之，一个美且舒适的室内环境，可以让居住者心旷神怡、放松身心，所以美学原则，是室内绿化设计的另一重要原则。为表现室内绿化装饰的艺术美，必须通过一定的形式，使其体现构图合理、色彩协调、形式和谐。

1．构图合理

构图是将不同形状、色泽的物体按照美学的观念组成一个和谐的景观。绿化设计的构图是室内装饰工作的关键问题，在装饰布置时必须注意两个方面：一是布置均衡，以保持稳定感和安定感；二是比例合度，体现真实感和舒适感。

布置均衡包括对称均衡和不对称均衡两种形式。人们在居室绿化装饰时习惯于对称的均衡，如在走道两边、家具两侧等摆上同样品种和同一规格的花卉，显得规则整齐、庄重严肃。与对称均衡相反的是，室内绿化自然式装饰的不对称均衡。如在客厅沙发的一侧摆上一盆较大的植物，另一侧摆上一盆较矮的植物，同时在其近邻花架上摆上一悬垂花卉。这种布置虽然不对称，但却给人以协调感，视觉上认为二者重量相当，仍可视为均衡。这种绿化布置得轻松活泼，富于雅趣，如图 9-6 所示。

图9-6　均衡布置

比例合度，指的是植物的形态、规格等要与所摆设的场所大小、位置相配套。室内绿化装饰犹如美术家创作一幅静物立体画，如果比例恰当就有真实感，否则就会弄巧成拙。例如，空间大的位置可选用大型植株及大叶品种，以利于植物与空间的协调；小型居室或茶几案头只能摆设矮小植株或小盆花木，这样会显得优雅得体，如图 9-7 所示。

图9-7 比例合度

2．色彩协调

色彩一般包括色相、明度和饱和度三个基本要素。色相就是色别，即不同色彩的种类和名称；明度是指色彩的明暗程度；饱和度即标准色。色彩对人的视觉是一个十分醒目且敏感的因素，在室内绿化装饰艺术中起到举足轻重的作用。

【知识拓展】

植物的色彩是植物本身固有的一种自然属性，色感是人们对某种色彩产生的感觉与反应，是人的一种知觉行为。而植物的色彩虽然以绿色为主，但各种植物的绿色又不尽相同，各有特色。另外五彩缤纷的花卉，也反映出千姿百态的自然色彩特征。这样，在空间环境中以绿色为基调兼有缤纷色彩的植物，不仅可以改变室内单调的色彩，还可以使其他色调更加丰富、更加调和，给空间增添了生气和情趣。

图9-8　色彩协调

室内绿化设计的形式要根据室内的色彩状况而定。如以叶色深沉的室内观叶植物或颜色艳丽的花卉作布置时，背景底色宜用淡色调或亮色调，以突出布置的立体感；居室光线不足、底色较深时，宜选用色彩鲜艳或淡绿色、黄白色的浅色花卉，以便取得理想的衬托效果。陈设的花卉也应与家具色彩相互衬托。如清新淡雅的花卉摆在底色较深的柜台，案头上可以提高花卉色彩的明亮度，使人精神振奋。同时，在室内绿化设计中，植物色彩的选择搭配还要随季节的变化以及布置用途的不同而做必要的调整，如图 9-8 所示。

3．形式和谐

在进行室内绿化设计时，要依据各类植物的各自姿色形态，选择合适的摆设形式和位置，同时注意与其他配套的花盆、器具和饰物间搭配谐调，力求和谐美观。如悬垂花卉宜置于高台花架、柜橱或吊挂高处，让其自然悬垂；色彩斑斓的植物宜置于低矮的台架上，以便于欣赏其艳丽的色彩；直立、规则的植物宜摆在视线集中的位置；空间较大的中心位置可以摆设丰满、匀称的植物，必要时还可采用群体布置，将高大植物与其他矮生品种摆设在一起，以突出布置效果等，如图 9-9 所示。

图9-9　形式和谐

9.2.3　适量原则

室内绿化设计尽管有诸多好处，但室内空间的面积毕竟是有限的，在进行绿化设计时还要注意一个适量的问题，不是数量和种类越多越好。绿化只是室内环境的点缀物，是调节室内空间氛围的一门艺术，不是室内环境的主体，颠倒主次的过度绿化陈设不仅占用空间，给人一种堆砌之感，而且会使室内其他功能不能充分发挥。

9.2.4　经济原则

室内绿化设计除了要注意实用原则、美学原则和适量原则外，还要求绿化设计的方式经济可行，而且能保持长久。设计布置时要根据室内结构、建筑装修和室内配套器物的水平，选配合乎经济水平的档次和格调。要根据室内环境特点及用途选择相应的室内观叶植物及装饰器物，使装饰效果能保持较长的时间，同时要充分考虑植物自身的自然生态习俗，并非所有的植物都适合于室内绿化。

9.3　室内绿化的布置方式

室内绿化是美化居室、提升装修品位的重要手段，可根据室内空间的功能和设计要求，采取不同的布置方式。同时，随着空间位置的不同，绿化的作用和地位也随之变化，可大致分为以下几种情况。

1．重点装饰与边角点缀

把室内绿化作为主要陈设并成为视觉中心，以其形、色的特有魅力来吸引人的视线，是许多厅室经常采用的一种布置方式。绿化植物可以布置在厅室的中央，也可以布置在室内主立面上，如图9-10所示。

图9-10　重点装饰

边角点缀是一种见缝插针的布置方式，这种布置方式灵活、随心所欲，充分利用室内剩余空间，观赏效果好，如图 9-11 所示。

图9-11　边角点缀

2．结合办公桌、陈设等布置绿化

室内绿化除了单独落地布置外，还可以与茶几、会议桌、文件柜等室内物品结合布置，互相陪衬，相得益彰。例如，结合文件柜布置绿化、结合会议桌布置绿化、结合茶几布置绿化等，都是比较流行的绿化布置方式，如图 9-12 所示。

【知识拓展】

在室内外空间里，常常有一部分空间很不规则，难以利用，这些空间往往成为空间死角。对于这样的空间死角，如果环境条件允许的话，可以选择一些适合的植物、小品加以绿化和布置，如在家具或沙发转角和端头，利用植物作为家具之间的联系和结束，创造一种宁静和谐的气氛。

3．前低后高、组成背景

利用高矮不同的植物，采取前低后高的排列方式，组成绿色屏陈的背景，改变空间的层次感，还可以在墙角落处采取密集式的绿化布置，在室内产生丛林的气氛，如图 9-13 所示。

图9-12　结合陈设绿化

4．垂直绿化

垂直绿化通常采用天棚悬吊藤萝植物的方式，这种垂直绿化，不占地面，增加绿化的体量和氛围，是一种观赏性极好的绿化布置方式，如图 9-14 所示。

图9-13　前低后高、组成背景

图9-14　垂直绿化

5．沿窗布置绿化

靠窗布置绿化，一方面能使植物接受更多的光照，另一方面，也与室外景色融为一体，使室内绿意更浓，环境更美，如图9-15所示。

图9-15 沿窗布置绿化

9.4 室内植物的分类

室内栽植绿化植物形式，通常有盆栽植物、盆景植物和插花植物这几种。盆栽植物是指栽在花盆或其他容器中的，以自然生长状态的叶、枝及花果供人们观赏的植物。盆景植物是指用于盆景中的植物材料，盆景是把植物、山石等材料经过艺术加工布置在盆中的自然风景的缩影。插花植物是指可供观赏的枝、叶、花、果等切取材料，把它插入容器中，经过艺术加工，组成精致美丽、富有诗情画意的花卉装饰品。这三种栽植形式按观赏内容又可分为观叶植物、观花植物和观果植物三大类。

9.4.1 观叶植物

室内观叶的植物形态奇特，绚丽多姿，且大多数原产热带、亚热带地区，具有一定的耐荫性，需光亮较少，适宜在室内散射光条件下生长，因此观叶植物成为室内绿化的主导植物，是目前世界上最流行的观赏门类之一，颇受人们喜爱。常选择的观叶植物有万年青、棕竹、南天竹、一叶兰、发财树、袖珍椰子、文竹、常春藤等，如图 9-16 所示。

图9-16　观叶植物

【知识拓展】

室内观叶植物是目前世界上最流行的观赏门类之一，它在园艺上泛指原产于热带或亚热带，主要以赏叶为主，同时也兼赏茎、花、果的一个形态各异的植物群。由于受原产地气候条件及生态遗传性的影响，在系统生长发育过程中，室内观叶植物形成了基本的生态习性，即要求较高的温度、湿度，不耐强光。但由于室内观叶植物种类繁多，品种极其丰富，且形态各异，所以，它们对环境条件的要求又有所不同。

观叶植物入室后，应分门别类放置，将喜阳的植物放在阳光充足的窗边；若属耐阴性强的植物，则宜放置于无光照的地方，或接受少许的散射光；对那些吊盆、挂盆类观叶植物，也应当经常调换位置，让其均匀接受光照为好。一些具有彩色斑纹的植物，如金心龙血树、彩叶芋等，在散射光下培植有利于色彩的充分表现，过于荫蔽则会使彩色消失或不鲜艳，而光照过强则叶片发黄，失去彩纹。因此，在冬春季则应给予一定的光照，以利于植物生长，增强抗逆性。

9.4.2 观花植物

观花类植物品种繁多，绚丽多彩，清香四溢，备受人们青睐。但与观叶植物相比，观花植物要求较为充足的光照，且昼夜温差应较大，才能使植物储备养分，促进花芽发育，因此室内观花植物的布置受到更多的限制。

木本的观花植物大多喜光，长期置于居室内，对植物生长不利。草本的观花植物大多是一年生或两年生，需要更换，属时令消耗品。由于大多数观花植物只在开花期间观赏性好，开花后要移至室外培育或丢弃，所以相对于观叶植物来说，用途和用量受到一定的限制。

观花植物的选择首先应考虑开花季节和花期长短，其次室内观花植物花期有限，应首选花叶并茂的植物，在无花时可以让具有较高观赏价值的叶给予补偿。常用的观花植物有叶子花、杜鹃、君子兰、仙客来、马蹄莲、月季、梅花、紫薇等，如图 9-17 所示。

图9-17 观花植物

9.4.3 观果植物

观果植物即以果实供观赏的植物。其中，有的色彩鲜艳，有的形状奇特，有的香气浓郁，有的着果丰硕，有的则兼具多种观赏性能，以花后不断成熟的果实弥补观花植物的不足。也可剪取果枝插瓶，供室内观赏。

观果植物与观花植物一样，需要充足的光照和水分，否则会影响果实的大小和色彩。作为观赏的果实，应具有美观奇特的外形或鲜艳的色彩，通常果实在成熟过程中要有从绿色到成熟色的颜色变化，如金橘、虎头柑等。

同时，室内可应用一些藤蔓植物作为垂直绿化植物。在室内装饰中常用柱、架、棚等使藤本植物攀援其上，由于这类植物可塑性较大，更易于人工造型，可形成独特的观赏形态，如常用作吊盆栽植的有绿萝、白蝴蝶等。

9.5 室内植物的配置

室内植物的选择是双向的，一方面对室内来说，是选择什么样的植物较为合适，如何创造具有绿色空间特色的室内环境；另一方面对植物来说，应该有什么样的室内环境才能适合生长，应考虑的是如何更好地为室内植物创造良好的生长环境，如加强室内外空间联系、尽

可能创造开敞和半开敞空间、提供更多的日照条件等，并在此基础上，根据室内空间功能及审美的需要，对室内植物分别进行配置。

9.5.1　玄关

由于玄关是家庭访客进入室内后产生第一印象的区域，因此摆放的室内植物占有重要的作用。大型植物加照明、有型有款的树木及盛开的兰花盆栽组合等设计，都适用于玄关类的植物。摆在玄关的植物，宜以赏叶的常绿植物为主，例如铁树、发财树、黄金葛及赏叶榕等。如图 9-18 所示。

【小贴士】

通道、过厅是人们室内活动时必须经过的空间。在这些空间的一侧或两侧有规律地布置盆栽植物或花池，不但可使在其中行走的人们相对地减少疲劳感，还可使经过的人们在此停留和小憩。但设计时应注意，布置的植物不能影响人们行走路线的畅通。

图9-18　玄关绿化

【知识拓展】

楼梯是连接上下空间的过道，起着承上启下的作用。它虽是上下交通的小空间，却可以较多地布置、陈设盆栽花卉。

楼梯的绿饰宜是波形带状。楼梯两侧和中部转角平台多成死角，往往使人感到生硬而不雅，但经绿化装饰后，就可弥补这一视觉缺陷。

9.5.2 客厅

客厅是会友、娱乐的场所，是家庭中最常放置室内植物的空间，最有视觉效果的植物都应该放置在客厅，客厅植物主要用来装饰家具，以高低错落的植物状态来协调家居单调的直线状态，而配置植物，应着眼于装饰美，数量不宜多，太多不仅杂乱，而且生长不好。植物的选择须注意大小搭配，此外应靠墙放置，不妨碍居者的走动。从客厅的植物置放也可以体现出主人的性格特征：蕨类植物的羽状叶给人亲切感；鹅绒质地则使人温柔；铁海棠展现出刚硬多刺的茎干，使人敬而远之；竹造型体现坚忍不拔的性格。同时特别需要注意的是，配置植物时要与室内装饰风格相一致，如图 9-19 所示。

图9-19　客厅绿化

9.5.3 卧室

卧室追求雅洁、宁静舒适的气氛，内部放置植物，有助于提升休息与睡眠的质量，适于卧室摆放的花卉有茉莉花、风信子、夜来香、君子兰、黄金葛、文竹等植物。卧室的植物植株的培养基可用水苔取代土壤，以保持室内清洁。在宽敞的卧室里，可选用站立式的大型盆栽；小一点的卧室，则可选择吊挂式的盆栽；或将植物套上精美的套盆后摆放在窗台或化妆台上，如图 9-20 所示。

图9-20　卧室绿化

9.5.4　餐厅

餐厅是家人团聚的地方，而且位置靠近厨房，接近水源。餐厅植物最好用无菌的培养土来种植。此外，餐厅植物摆放时还要注意的是：植物的生长状况应良好，形态必须低矮，才不会妨碍相对而坐的人进行交流、谈话。适宜摆设的植物有番红花、仙客来、四季秋海棠、常春藤等，但餐厅里，要避免摆设气味过于浓烈的植物，例如风信子，如图 9-21 所示。

图9-21　餐厅绿化

【小贴士】

餐桌上以淡雅的鲜切花（瓶花、插花）或小巧干净的盆栽植物为主，也可在餐厅中心位置放置大型瓶花，在喜庆的日子，可配置一些开着艳丽花卉的盆栽或插花，如秋海棠和圣诞花之类，增添欢快、祥和、喜庆的气息，配膳台上可摆放中型小型盆栽，有间隔作用。

9.5.5 厨房

植物出现于厨房的比率仅次于客厅，厨房通常位于窗户较少的朝北房间，用一些盆栽装饰可消除寒冷感。由于阳光少，应选择喜阴的植物，如广东万年青和星点木之类。厨房是操作频繁、物品零碎的工作间，烟和温度都较大，因此不宜放大型盆栽，而吊挂盆栽则较为合适，其中以吊兰为佳，如图 9-22 所示。

图9-22 厨房绿化

9.5.6 卫生间

由于卫生间湿气大、冷暖温差大，养植有耐湿性的观赏绿色植物，可以吸纳污气，因此适合使用蕨类植物、垂榕、黄金葛等。当然如果卫生间既宽敞又明亮且有空调的话，则可以培植观叶凤梨、竹芋、蕙兰等较艳丽的植物，把卫生间装点得如同迷你花园，让人乐在其中，如图 9-23 所示。

图9-23 卫生间绿化

【知识拓展】

藤本植物是指有缠绕茎或攀援茎的植物，它具有优美的造型、独特的韵味，观赏性较强，而且常与室内空廊、构架等配合在一起，形成室内的主要景观。常见的藤本植物有：紫藤、金银花、葡萄、爬山虎、大叶蔓绿绒、黄金葛、薜荔、绿串珠、常春藤、牵牛花等。

本章小结

室内绿化设计是现代室内设计可持续发展的方向，它通过植物尤其是活体植物的巧妙配置，使之与室内其他元素达到统一，进而给人以精神享受的艺术效果。随着人民生活水平的逐步提高，生态环境意识的进一步觉醒，绿化设计将成为现代室内设计不可或缺的重要组成部分，将会受到更多使用者的关注。

思考练习题

1．室内绿化设计的基本原则有哪些？

2．简述室内绿化的布置方式。

3．室内观赏植物主要分为哪几类？

实训课堂

实训课题：了解适宜和不适宜室内摆放种植的花卉。

内容：通过各种渠道，了解学习哪些植物不适宜在室内摆放种植，比如会释放异味的植物有哪些、会消耗氧气的植物有哪些、易使人过敏的植物有哪些、会释放毒气损害人身体健康的植物有哪些等；了解哪些植物适宜在室内摆放种植，并知晓具体适宜的原因。

要求：认真进行了解学习，掌握各类植物特性，便于未来室内绿化设计工作的开展。写出学习总结，并与同学相互交流学习。

参考文献

[1] 齐伟民．室内设计发展史 [M]．合肥：安徽科学技术出版社，2004.

[2] 李砚祖．设计之维 [M]．重庆：重庆大学出版社，2007.

[3] (法) 约翰·怀特海．18 世纪法国室内艺术 [M]．杨俊蕾，译．桂林：广西师范大学出版社，2003.

[4] 李伟．室内陈设与绿化 [M]．北京：北京轻工业出版社，1998.

[5] 郑曙旸．室内设计 [M]．长春：吉林美术出版社，1997.

[6] 霍维国．室内设计与家具 [M]．海口：海南出版社，2004.

[7] 胡涓涓，万翠蓉．色彩在家具与室内装饰设计中的运用 [J]．家具与室内装饰，2008(1).

[8] 董秀梅．室内装饰设计趋势分析 [J]．黑龙江科技信息，2007(5).

[9] 姜春云，周光标，熊辉．浅谈室内装饰设计中的风格设计 [J]．有色冶金设计与研究，2007(1).

[10] 李天鹰．论新时期的室内装饰设计 [J]．黑龙江科技信息，2008(3).

[11] 冯颀军．浅谈室内装饰设计中的中式元素和传统意境表达 [J]．美术大观，2007(12).